The Beauty of Mathematical Analysis

数学分析之美

——数学文化与教学案例赏析

陶桂平 著

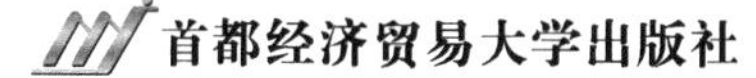

首都经济贸易大学出版社

Capital University of Economics and Business Press

·北 京·

图书在版编目（CIP）数据

数学分析之美 ： 数学文化与教学案例赏析 / 陶桂平著. -- 北京 ： 首都经济贸易大学出版社, 2024. 10.
ISBN 978-7-5638-3788-5

Ⅰ. 017

中国国家版本馆 CIP 数据核字第 2024J0Z793 号

数学分析之美——数学文化与教学案例赏析

SHUXUE FENXI ZHI MEI——SHUXUE WENHUA YU JIAOXUE ANLI SHANGXI

陶桂平 著

责任编辑 王 猛
封面设计 风得信·阿东 FondesyDesign
出版发行 首都经济贸易大学出版社
地 址 北京市朝阳区红庙（邮编 100026）
电 话 （010） 65976483 65065761 65071505（传真）
网 址 http：//www. sjmcb. cueb. edu. cn
经 销 全国新华书店
照 排 北京砚祥志远激光照排技术有限公司
印 刷 北京建宏印刷有限公司
成品尺寸 170 毫米×240 毫米 1/16
字 数 100 千字
印 张 9. 75
版 次 2024 年 10 月第 1 版
印 次 2024 年 10 月第 1 次印刷
书 号 ISBN 978-7-5638-3788-5
定 价 58. 00 元

前 言

从中学的象牙塔迈入大学的广阔天地，大学生们即将面临一个巨大的挑战——微积分、高等数学或数学分析课程的学习。大学的高等数学是初等数学的深化和扩展，也是现代科学技术发展的重要基础。高等数学与初等数学之间存在着显著的差异。无论是在研究对象、研究方法、抽象程度、思维方式上，还是严谨论证等方面，高等数学都更为复杂与深奥，要求学习者具备更强的抽象思维和逻辑推理能力。

数学分析是分析学中最古老、最基本的分支。它以实数理论、函数理论和极限理论为基础，以微积分学和无穷级数理论为主要研究对象，通过极限、连续、导数、积分、级数等一系列核心概念，构建了一个严密而丰富的理论体系，不仅在数学研究中占据重要地位，在统计学、物理学、工程学、经济学等诸多领域同样也发挥着关键作用。

数学分析课程具有较高的抽象性、严谨性和应用性，重在引导学生领会极限的思想和方法，掌握数学分析的基本理论和论证方法，培养学生严谨的逻辑思维能力、抽象思维能力、推理论证能力、知识应用创新能力等数学素养，从而为后续学习打下坚实的数学基础。数学分析不仅是大学数学专业的一门基础课程，也是很多其他对数学要求高的理工科及经管学科专业的一门基础课程，是后继课程的必备基础，对培养学生的数学素养至关重要。

数学分析深奥难学，往往令许多初学者心生敬畏。使这门课程变得生动有趣，激发学生的数学兴趣，引导他们深入探索数学的奥秘，正是笔者一直追求的教学目标。在多年数学分析的一线教学实践中，笔者不断尝试将数学文化思想和有趣案例融入课堂，以此激发学生的学习兴趣，拓展他们的学术视野，取得了显著的教学效果。

为了将这些宝贵的教学案例与更多师生分享，笔者精心编纂了本书——《数学分析之美——数学文化与教学案例赏析》，希望引导学生一起走进数学的世界，欣赏数学分析之美，体会数学趣味，激发他们对数学的热爱与探索欲，同时也希望为教师或其他读者提供一点有益的借鉴。

在撰写本书的过程中，笔者深切体会到个中的艰难与挑战。由于水平有限，书中可能难免存在疏漏与不足之处，恳请广大读者不吝赐教，以期不断完善。

目　录

第1章　数学文化简介

数学是一种会不断进化的文化。

——魏尔德

简而言之，数学文化涵盖了数学思想、精神、方法、观点以及它们的形成与发展，广义上更是包含数学家、数学史、数学美、数学教育、数学发展中的人文维度、数学与社会各界的联结，以及数学与其他文化的相互作用等。学习数学文化，可以提升个人数学素养。本章精选了数学文化的几个方面并进行介绍：数学的重要性及美学特征、数学学科的发展简史、数系的发展历程、微分学的发展历程、积分学的发展历程以及三次数学危机。

第1节　数学的重要性及美学特征

一、数学的重要性

数学，被誉为科学基石，博大精深，无处不在。许多数学名言深刻揭示了数学在诸多领域广泛而深远的影响。

华罗庚：“宇宙之大，粒子之微，火箭之速，化工之巧，地球之变，生物之谜，日用之繁，无处不用数学。”这句话精练地概括了数学在自然、科技、日常生活等多个领域的广泛应用。

马克思：“一门科学，只有当它成功地运用数学时，才能达到真正完善的地步。”

拉奥：“一个国家的科学水平可以用它消耗的数学来度量。”

以上几则名言说明了数学在科学发展和国家科学水平中的重要地位，数学的应用不仅推动了科学的进步和发展，还成为衡量一个国家科学水平的重要指标。

米斯拉：“数学科学的成就是解释自然现象。”这句话说明数学不仅是描述现象的工具，更是理解自然现象本质的关键。

培根：“数学是打开科学大门的钥匙。”其说明数学提供的是一种逻辑严谨、定量精确的方法，是科学研究的基石。

高斯：“数学是科学的皇后，而数论是数学的皇后。”其强调数学在科学上的重要地位，以及数论作为数学的重要分支，以其深度和美感在科学中的独特地位。

黑格尔：“数学是上帝描述自然的符号！”

罗素： “数学是一种语言，它使我们能够表达最复杂的思想。”

柯朗：“数学，作为人类智慧的一种表达形式，反映生动活泼的意念、深入细致的思考，以及完美和谐的愿望，它的基础是逻辑和直觉、分析和推进、共性和个性。”

庞加莱：“数学是给予不同的东西以相同名称的技术。”

以上几则名言说明了数学在描述和理解自然世界过程中的核心地位。数学以其精确性、逻辑性和普遍性成为科学研究中不可或缺的语言和工具，数学家是模式的创造者。

克莱因：“数学是一种理性的精神，使人类的思维得以运用到最完善的程度。”其强调数学在人类思维发展中的重要作用。数学作为一种理性的精神，以其逻辑性、精确性和抽象性等特性，使得人类的思维得以运用到最完善的程度。

拉普拉斯：“在数学中，我们发现真理的主要工具是归纳和模拟。”其强调数学通过归纳和模拟，帮助我们揭示自然界的规律和真理。

德莫林斯：“没有数学，我们无法看透哲学的深度；没有哲学，人们也无法看透数学的深度；而若没有两者，人们就什么也看不透。”其深刻地揭示了数学与哲学之间相辅相成、相互依存的关系，以及它们对于人类认知世界，推动人类文明进步的共同作用。

克莱因：“音乐能激发或抚慰情怀，绘画使人赏心悦目，诗歌能动人心弦，哲学使人获得智慧，科学可改善物质生活，但数学能给予以上的一切。”

伦琴：“第一是数学，第二是数学，第三是数学。”其强调数学在科学探索中的核心地位，无论在哪个领域，数学都是不可或缺的。

关于数学的名言数不胜数，以上列举的仅仅是冰山一角，它们从不同角度深刻展现了数学的重要性及核心地位。简单来说，数学的重要性至少体现在以下几点。

（1）数学是一门理性思维的科学，是各门科学在高度发展中所达到的最高形式的一门科学，是研究、了解和知晓现实世界的工具。数学不仅是各学科的基础，也是各学科发展和创新的手段和原动力。数学在科学中居于核心地位，是科学的基础语言，为科学提供了精确的语言和工具，使得科学研究能够深入探索自然规律。数学是构筑知识体系的基石，横跨自然科学、社会科学乃至人文艺术的各个领域，为它们提供了共通的语言和逻辑框架。

（2）数学基础对人一生的发展至关重要。数学对培养和发展人的思维能力，特别是精密思维能力、严谨推理能力至关重要，是锻炼思维能力的“体操”。数学是人一生中最重要的基础性和思维性训练，是一个人一生事业的童子功。它不仅可为人们在各个领域的学习和研究提供有力的工具，而且能培养人们的逻辑思维能力、抽象思维能力以及耐心和毅力等品质。这些能力和品质都是人在一生中不断发展和成长的重要基石。

（3）数学作为逻辑推理和定量分析的关键工具，在经济发展中起着基础性作用。几乎所有诺贝尔经济学奖得主都使用了数学与统计学方法，他们大多都有深厚数学与统计学功底，有的本身就是著名的数学家和统计学家。据报道，金融数学家已成为华尔街最抢手的人才之一。美国花旗银行副总裁柯林斯曾这样评价数学在经济金融中的重要性：

“从事银行业务而不懂数学的人无非只能做些无关紧要的小事。”

“花旗银行 70%的业务依赖于数学，如果没有数学发展起来的工具和技术，许多事情我们是一点办法也没有的，没有数学我们不可能生存。”

随着经济全球化、大数据和人工智能等技术的快速发展，未来的经济和管理活动将更加依赖于数学和计算机技术。掌握扎实的数学基础将是经济管理专业学生提升竞争力的重要途径，对其适应未来挑战具有重要意义。

综上，数学在各个领域发挥着越来越大的作用，正如王梓坤院士所指出的：数学的贡献在于对整个科学技术（尤其是高新技术）水平的推进与提高，对科技人才的培育和滋润，对经济建设的繁荣，对全体人民的科学思维与文化素质的哺育，这四方面的作用是极为巨大的，也是其他学科所不能全面比拟的。

二、数学的美学特征

数学之美，是深邃而独特的，超越了单纯的形式美，深植于数学的内在结构与思想之中，展现出理性与智慧的和谐共鸣。

（一）简洁之美

数学以其简洁的符号和公式来表达复杂的概念和规律。这种简洁性不仅体现在数学语言上，更体现在数学理论的结构和推理过程中。一个简洁的公式或定理，往往能够揭示出深刻的数学真理，让人感受到一种难以言喻的美感。

（二）对称之美

对称是数学一种重要的美学特征。从几何图形的对称性到代数方程的对称性，再到函数的对称性，数学中的对称无处不在。这种对称性不仅体现了数学结构的和谐与统一，也激发了人们对美的追求和创造。在数学中，对称不仅是一种形式上的美，更是一种深刻的数学思想和方法的体现。

（三）精确之美

数学以精确和严谨著称，它的每一个定理、每一个公式以及每一种计算都经过严格的证明和验证。这种精确性不仅保证了数学结论的可靠性，还为其他学科提供了精确的工具和方法。数学的精确之美在于它能够以无与伦比的准确性描述和预测自然现象，为人类社会的发展提供坚实的基础。

（四）逻辑之美

数学是一门严谨的推理学科，它注重逻辑推理过程。数学的逻辑之美体现在其推理的严密性和严谨性上。每一个定理、定律都需要经过严格的证明才能得以成立，而证明过程要有清晰的逻辑链条和严密的演绎推理。这种逻辑之美不仅培养了人们的逻辑思维能力，也提高了人们解决问题的能力。

（五）统一之美

数学中看似孤立的概念与理论，实则蕴含着深刻的内在联系与统一。借助数学工具与方法，不同领域的问题得以转化为同种类型的数学问题，实现跨领域的统一描述与解决。这种统一之美，不仅彰显了数学的普遍适用性，也深刻反映出数学与人类社会的广泛联系。

（六）抽象之美

数学是一种高度抽象化的学科，它通过符号、公式和定理等抽象形式来表达和解决问题。这种抽象性不仅降低了问题的复杂性，还揭示出隐藏在具体现象背后的普遍规律和本质特征。数学的抽象之美在于它能够跨越具体事物的限制，探索更广泛、更深刻的真理。

（七）深刻之美

数学不仅是一门工具学科，更是一门具有深刻内涵和哲学意义的学科。数学中的许多概念和理论蕴含着深刻的哲学思想和方法论意义。例如：极限思想揭示了连续与离散、静态与动态的辩证关系；概率论和统计学为我们提供了处理随机现象和不确定性问题的有效方法；集合论和逻辑学为我们提供了理解世界的基本框架和思维方式。这些深刻的数学思想和方法不仅能让我们更好地理解和解释世界，也促使人们在思考问题时更加深入和全面。

（八）应用之美

数学在现实生活中应用广泛，为众多学科提供了强大的工具与方法。从物理学的精确计算，到工程学的优化设计，再到经济学的模型构建与医学的数据分析，数学无处不在地发挥着重要作用。这种广泛的应用性，不仅验证了数学的价值与实用性，更让我们在欣赏数学之美的同时，深刻体会到数学与人类文明的紧密共生。

（九）无限之美

数学中充满了无限的概念，如无穷大、无穷小、无限序列等。这些无限的概念不仅在数学内部构建了丰富的理论体系，还激发了人们对无限世界的想象和探索。数学的无限之美在于它不断拓展我们的认知边界，让我们认识到宇宙的广阔和人类的渺小。

综上所述，数学美是一种多维度、多层次的审美体验。它不仅体现在数学的形式和结构上，更体现在数学的内在思想和方法中。通过欣赏和体验数学之美，我们可以更好地理解世界、提升思维能力，并感受数学带来的无尽乐趣和智慧启迪。

英国哲学家与数学家罗素用以下文字来形容他心中的数学之美：

数学，正确看待时，不仅具有真理，还具有至高的美，一种冷而严峻的美，一种屹立不倒的美，如雕塑一般，一种不为我们软弱天性所动摇的美。也不像绘画或音乐有富丽堂皇的装饰，而是纯粹的崇高、绝对的完美，是最伟大的艺术，然而这是极其纯净的美，只有这个最伟大的艺术才能显示出最严格的完美。数学中一定能找到最卓越的试金石——超越自我时之喜悦感，如同写诗。

第 2 节　数学学科的发展简史

数学，作为一门古老的基础科学，其发展历程充满了变革与创新，如今已经枝繁叶茂，形成了一个庞大的学科体系。了解数学发展的历史，有利于展望数学发展的未来。现在我们一起从数学历史的角度来了解一下数学的发展。

一、数学起源时期（公元前6世纪以前）

数学起源时期是人们建立最基本数学概念的时期。人类从数数开始，逐渐建立了自然数的概念和简单的计算法，并认识了最基本、最简单的几何形式。这个时期，算术与几何还没有分开。

（一）原始社会

人类通过打猎、采集等社会实践活动，逐渐形成了整数概念和简单的算术运算。这一时期，几何知识也开始萌芽，如圆、方、平直等概念产生。

（二）古巴比伦与古埃及

古巴比伦与古埃及这两个文明古国在数学上取得了显著成就。古巴比伦人建立了60进位制的记数系统，掌握了自然数的四则运算，分数的使用，平方、立方以及简单的开方运算。古埃及人则擅长几何计算，如金字塔的建造就体现了他们的几何智慧。

（三）中国

早在商代中期（约公元前1600年—公元前1046年），中国就已使用十进制数字和计数法，这是世界上最早的十进制系统之一。同时，中国还发明了“算筹”这一计算工具，为后来的筹算和算法发展奠定了基础。

二、初等数学时期（公元前 6 世纪—公元 16 世纪）

初等数学时期也称为常量数学时期，大约持续了 2 000 年，逐渐地形成了初等数学的主要分支：算术、几何和代数。

（一）古希腊数学

公元前 6 世纪至公元前 3 世纪，古希腊数学迎来了辉煌时期。欧几里得的《几何原本》成为几何学的基石，该书以严密的逻辑推理构建了初等几何的完整体系。同时，数论和代数也开始发展，丢番图的《算术》是代数领域的代表作。

亚历山大里亚时期，阿基米德等数学家在几何学上取得了新的突破，其求面积与体积的计算方法接近于微积分的思想。

（二）中国与古印度数学

《周髀算经》是中国最早的数学著作，讨论了我国古代的“盖天说”宇宙模型。它在数学上的成就主要有分数运算、勾股定理及其在天文测量上的应用，书中已有对勾股定理的叙述。

秦汉时期，《九章算术》的出现标志着中国古代数学体系的形成。该书详细阐述了分数、比例、开方、方程等数学概念和算法，对世界数学的发展产生了深远影响。魏晋南北朝时期，刘徽和祖冲之等数学家在圆周率计算、几何证明等方面取得了重大成就。

古印度数学家在代数和算术上贡献突出，发明了包括零在内的十进制数字系统（后被阿拉伯人传播到欧洲），以及求解高次方程的方法。

（三）阿拉伯数学

阿拉伯数学家在翻译古希腊数学著作的基础上进行了大量的数学研究。他们发展了代数，建立了解方程的方法，并将三角学发展成一门独立的学科。阿尔·卡西等数学家在圆周率计算上取得了比较精确的数值。

三、近代数学时期（17 世纪上半叶—19 世纪 20 年代）

近代数学时期也被称为变量数学时期，出现了两个决定性的创新发展：解析几何的诞生和微积分的创立。

（一）解析几何的诞生

1637 年，法国数学家笛卡尔创立了解析几何学，通过引进坐标将几何曲线表示成代数方程，实现了几何与代数的融合。这一创举标志着数学进入了一个新的时代——变量数学时代。

（二）微积分的创立

17世纪后半叶，英国科学家牛顿和德国数学家莱布尼茨几乎同时独立地发明了微积分学。微积分学的出现极大地推动了数学、物理学、工程学等领域的发展。

（三）新学科的涌现

18世纪是变量数学的发展阶段，微积分学产生了许多新的分支学科，如微分方程、变分法、级数论、函数论等。同时，概率论和射影几何等新兴学科也开始形成和不断发展。

四、现代数学时期（19世纪20年代至今）

在近代数学时期的最后五六十年，数学发展欣欣向荣，但是也积累了一些突出的问题，如高于四次的代数方程的求解问题、欧几里得几何中平行线公设的证明问题、微积分的逻辑基础问题。这些问题的研究促使数学进行了一系列的变革，从此数学迈入了一个新的时期——现代数学时期。

现代数学时期可以划分为三个阶段：现代数学酝酿阶段（1820—1869年）、现代数学形成阶段（1870—1949年）、现代数学繁荣阶段（1950年至今）。

19世纪前半叶，数学领域迎来了两项颠覆性的新发现——非欧几里得几何（以下简称“非欧几何”）与不可交换代数。这两大发现及其引发的数学发展被称为几何学和代数学的解放。

大约 1826 年，罗巴契夫斯基和里耶首次提出了与传统欧几里得几何不同的另一种正确的几何体系——非欧几何。这一发现打破了欧氏几何唯一正确的传统观念，不仅为新的几何学领域开辟了道路，还为 20 世纪的相对论理论奠定了基础。非欧几何的思想解放对现代数学和科学意义重大，它促使人类开始超越感官限制，深入探索自然的本质。罗巴契夫斯基因其在非欧几何领域的卓越贡献，被誉为“现代科学的先驱”。

1854 年，黎曼拓展了空间概念，开创了黎曼几何学这一更广阔的几何学领域。同时，非欧几何的发现也推动了对公理方法的深入研究，涉及公理的完整性、一致性和独立性等问题。1899 年，希尔伯特在此领域做出了重要贡献。

1843 年，哈密顿发现了四元数代数，这是一种乘法交换律不成立的代数体系。不可交换代数的出现颠覆了人们对代数的传统认知，为近代代数的发展打开了大门。

此外，随着对一元方程根式求解条件的探究，群的概念被引入数学。19 世纪 20 至 30 年代，挪威数学家阿贝尔和法国数学家伽罗华开创了近代代数学的研究。近代代数与古典代数相比，研究对象更加广泛，包括向量、矩阵等，并逐渐转向对代数系统结构本身的研究。

19 世纪还发生了第三个具有深远影响的数学事件——分析的算术化。1874 年，魏尔斯特拉斯提出了一个引人深思的例子，要求对数学分析的基础进行更深入的理解。他提出了“分析的算术化”设想，即首先严格化实数系，然后由此导出分析的所有概念。这一设想在魏尔斯特拉斯及其后继者的努力下基本实现，使得全部分析可以从实数系的特征公设集中逻辑地推导出来。

19 世纪后期，由于戴德金、康托尔和皮亚诺的工作，数学基础已经建立在更简单、更基础的自然数系之上。他们证明了实数系（以及由此导出的多种数学）可以从确立自然数系的公设集中导出。20 世纪初期，他们又证明了自然数可以用集合论概念来定义，由此各种数学均可以集合论为基础来讲述。

拓扑学最初是几何学的一个分支，直到 20 世纪中叶才得到广泛推广。科学家们认识到，任何事物的集合，无论是点的集合、数的集合、代数实体的集合、函数的集合，还是非数学对象的集合，都能在某种意义上构成拓扑空间。

20 世纪，许多数学家致力于仔细考察数学的逻辑基础和结构，这反过来促进了公理学的产生，即研究公设集合及其性质。许多数学概念经历了重大的变革和推广，深奥的基础学科如集合论、近代代数学和拓扑学也得到了广泛发展。集合论的影响深远，但其中令人困惑的悖论迫切需要解决。逻辑本身作为在数学上以承认的前提推出结论的工具，被认真地审视，从而产生了数理逻辑。逻辑与哲学的多种关系推动了数学哲学不同学派的出现。

20世纪40至50年代，世界科学史上发生了三个重大事件：原子能的利用、电子计算机的发明和空间技术的兴起。此外，还出现了许多新情况，促使数学急剧发生变化。现代科学技术研究的对象日益超出人类感官范围，向高温、高压、高速、高强度、远距离、自动化方向发展。科学实验的规模空前扩大，迫切需要精确的理论分析和实践设计。现代科学技术日益趋向定量化，各个科学技术领域都需要使用数学工具。数学几乎渗透到了所有科学部门之中，形成了许多边缘数学学科。

这些情况使得数学发展呈现出一些明显的特点：计算机科学形成、应用数学出现众多新分支、纯粹数学有若干重大突破。电子计算机的应用广泛且影响巨大，围绕它自然而然地形成了一门庞大的科学——计算机科学。应用数学与纯粹数学之间并没有严格的界限。应用数学可以说是纯粹数学与科学技术之间的桥梁。20世纪40年代以后，涌现出了大量新的应用数学科目，内容的丰富性、应用的广泛性和名目的多样性都是前所未有的。同时，基础理论也有了飞速的发展，做了许多突破性的工作，解决了一些根本性的问题。

现代数学的研究成果呈现出爆炸式的增长，刊载数学论文的杂志数量也在不断增加。数学的三大特点——高度抽象性、应用广泛性和体系严谨性更加明显地表现出来。几乎每个国家都有自己的数学学会，许多国家还有致力于各种水平数学教育的社会团体。它们已经成为推动数学发展的有利因素之一。数学正处于加速发展的趋势当中，这是过去任何一个时期所不能比拟的。

现代数学的发展虽然多姿多彩，但其主要特点可以简要概括如下：

数学对象和内容在深度和广度上都有了很大发展；电子计算机对数学领域产生了巨大而深远的影响；数学渗透到几乎所有的科学领域并发挥着越来越大的作用；纯粹数学不断向纵深发展，数理逻辑和数学基础已经成为整个数学大厦的基础，随机过程、分形几何、混沌理论等新型数学分支的出现为数学研究注入了新的活力。

综上所述，数学发展历程是一部充满智慧与创新的史诗。自远古时期的初步萌芽至现今的蓬勃繁荣，数学始终与人类文明的进步同行，不断发展壮大。它既是人类智慧的集中体现，也是驱动社会进步与发展的核心动力。

第 3 节　数系的发展历程

数系的发展是一个从简单到复杂、从具体到抽象逐步演进的过程。这个过程不仅展示了数学家们在数论领域的智慧与创新，也揭示了数学在解决复杂问题上的无限潜力。

一、自然数的产生

人类为了计数的需要，从现实中抽象出了自然数0，1，2，3，…自然数是数学中一切“数”的起点。自然数的产生标志着人类开始有了数的概念，为之后数系的扩展奠定了基础。

二、整数的扩展

随着社会的发展，人们发现需要表示“负数”。自然数对减法运算不封闭，当较小的自然数减去较大的自然数时，其结果不是自然数。为了增加对减法运算的封闭性，自然数被扩充到了整数，包括正整数、零和负整数。

三、有理数的出现

有了整数后，人们又发现仅靠整数无法表示部分或比例关系。于是，有理数$\left(\text{如}\frac{1}{2}，\frac{3}{4}，-\frac{5}{6}\right)$被引入，它们是整数的比值。整数对除法运算也不封闭，有时一个整数不能被另一个整数整除。为了增加对除法运算的封闭性，整数被扩充到了有理数，即可以表示为两个整数之比的数，包括整数和分数。

四、实数的引入

有理数对于开方运算不封闭，有理数开正整数次方，其结果有的不是有理数。此外，有理数对于极限运算也不封闭。为了增加对开方运算和极限运算的封闭性，有理数被扩充到了实数域的范围。实数包括有理数和无理数。

五、复数的扩展

某些代数方程（如 $x^2+1=0$）在实数范围内无解，这促使数学家们引入复数。实数对于负数开偶数次方没有实数解，如 $\sqrt{-1}$ 在实数范围内无解。为了解决这个问题，人们引入了虚数单位 i（满足 $i^2=-1$），并定义了复数。复数由实部和虚部组成，形如 $a+bi$，其中 a，b 是实数，i 是虚数单位，满足 $i^2=-1$。

在 18 世纪末至 19 世纪初，数学家们如韦塞尔、阿尔冈和高斯等，分别给出了复数 $a+bi$ 的几何表示，使得复数在数学中获得了合法的地位，其直观意义得到了充分体现。复数系作为实数系的扩展，为数学的发展开辟了新的道路。复数的引入极大地扩展了代数的范围，使得所有的多项式方程都有解。复数域是包含实数的最小代数闭域，对任意复数进行四则运算、开方等运算，其化简结果都是复数。

六、四元数：超越复数的拓展

在处理三维空间中的一些问题时，复数的使用受到了一定的限制。为了寻求一种能够更好地描述三维空间中向量和旋转的方法，数学家开始探索复数系的进一步扩展。

1843 年，爱尔兰数学家威廉・罗恩・哈密顿在都柏林皇家运河布鲁姆桥头散步时，突然灵光一现，想到了一个由三个相互独立的虚数单位 i，j，k 表述的向量关系，即 $ij=k$，$i^2=j^2=k^2=-1$。这一发现为四元数的诞生奠定了基础。

哈密顿意识到，通过引入三个虚数单位，他可以创建一个新的数系，这个数系不仅包含实数和复数，还能够描述三维空间中的向量和旋转。他把这个新的数系称为四元数代数，并在这个桥头上首次提出了四元数的概念。

哈密顿把四元数定义为一个标量 a 和一个向量（$bi+cj+dk$）的组合，其中 a，b，c，d 是实数，i，j，k 是虚数单位，满足

$$i^2=j^2=k^2=ijk=-1$$

四元数乘法不满足交换律，但满足结合律，这是其与复数的重要区别之一。具体的乘法规则如下：

$$ij=k,\ ji=-k$$

$$jk=i,\ kj=-i$$

$$ki=j,\ ik=-j$$

四元数的产生是数学家们对复数系扩展探索的结果。起

初，四元数因其复杂的性质和运算规则而备受争议，但随着数学和物理学的发展，人们逐渐认识到四元数在表示三维空间中的旋转和空间变换方面的独特优势，四元数在数学、物理学、计算机图形学等多个领域得到了广泛应用。在计算机图形学中，四元数被广泛用于表示三维空间中的旋转，解决了欧拉角和旋转矩阵存在的问题。在物理学中，四元数被用于描述电磁场的旋转和变换等。在航空航天工程中，四元数被用于描述和控制飞行器的姿态。

数系的发展展示了人类在理解和描述世界过程中不断探索和创新的历程。从最初的自然数到复杂的四元数，通过不断扩展和深化，我们不仅能解决更复杂的问题，也能揭示自然界更深层次的规律。

第 4 节　微分学的发展历程

微分学的发展历程充满了人类智力的突破和创造，从古希腊的几何问题到现代科学技术的核心工具，微分学在数学、物理、工程和经济学等领域发挥着不可替代的作用。通过对微分和导数的深入研究，我们不仅能够解决复杂的实际问题，而且能揭示自然界中深层次的规律。

导数与微分是微分学中两个最基本的概念。导数反映了函数相对于自变量变化的快慢程度，即函数变化率问题；微分刻画了函数在某一点附近的线性近似。微分和导数的概念在历史上相互影响、共同发展。尽管现代数学中通常先介绍导数再介绍微分，但在历史发展的进程中，微分的概念先于导数被提出，并为导数的定义奠定了基础。通过对这些概念的不断完善和形式化，微分学成为了解和解决变化问题的强大工具。

一、微分学的起源与发展

（一）古代与中世纪：初步的萌芽

微分学的起源可以追溯到古希腊时期。阿基米德在研究曲线的切线和面积时，使用了类似于微分的方法。他通过“穷竭法”逐步逼近曲线的面积，这种方法可以看作现代极限思想的雏形。

（二）17 世纪：微积分的诞生

真正意义上的微积分在 17 世纪由牛顿和莱布尼茨各自独立发展而成。他们引入了微分和积分的概念，建立了现代微积分的基础。

牛顿关注物理问题，特别是运动和变化率。他引入了“流数”来表示变化率，这就是今天我们所说的导数。牛顿利用微分的方法解决了许多物理学问题，如行星运动和流体力学。

莱布尼茨则更加注重微积分的符号表示和系统化。他引入了我们今天熟知的微分符号，并发展了微分法则。莱布尼茨的符号体系比牛顿的流数方法更具通用性和实用性，因此在现代数学中得到广泛应用。

（三）18 世纪：微分学的形式化扩展

在 18 世纪，通过欧拉和拉格朗日等数学家的努力，导数和微分的概念得到了进一步的发展。

欧拉是 18 世纪最伟大的数学家之一，也是将微分和导数系统化的重要人物之一。他在研究函数和微分方程时，广泛使用了导数和微分的概念，并提出了许多关于它们的重要性质。他在微分方程和函数理论方面做出了重要贡献。他发展了变分法，并提出了欧拉-拉格朗日方程，用于解决极值问题。

拉格朗日则致力于将微分学形式化和系统化。他提出了用导数来代替微分的想法，并发展了许多关于导数的理论，这使得导数在微积分中的地位变得更加重要和突出。他提出了拉格朗日乘数法，用于解决带约束条件的极值问题，并在力学中引入了拉格朗日方程，奠定了分析力学的基础。

（四）19 世纪：严格化和形式化

到 19 世纪，数学家们致力于对微分学进行严格化和形式化，以使其理论更加严谨。柯西和魏尔斯特拉斯是这一时期的代表人物。柯西和魏尔斯特拉斯提出了极限的 $\varepsilon-\delta$ 定义，并利用极限定义了导数和连续，进一步发展了极限和连续性的理论，彻底解决了微分学中的不严谨问题，为微分学奠定了坚实的基础。

（五）现代：多元微分与广泛应用

进入现代，微分学已经扩展到多元微分学、偏微分方程等多个领域，成为现代科学技术的重要工具。

多元微分学研究多变量函数的导数和微分，这对于理解高维空间中的变化和曲面上的性质至关重要。多元微分在物理、工程和经济学中有着广泛的应用。

偏微分方程描述了多变量函数的关系和变化，广泛应用于物理学、工程学和金融数学中，如热传导方程、波动方程和布朗运动模型等。

二、导数与微分概念的发展

导数的概念源于对变化率的研究，特别是对曲线的切线斜率的研究。古希腊数学家阿基米德和阿波罗尼乌斯已经开始研究曲线的切线问题，但他们并没有明确导数的概念。到了 17 世纪，牛顿和莱布尼茨各自独立发展了微积分，导数的概念逐渐成形。牛顿引入了“流数”来表示变化率。牛顿的流数法主要用于物理学中的运动和变化率问题。例如，他研究物体运动的瞬时速度，就是通过求导数来实现的。牛顿把导数看作变化的瞬时率，这在他的动力学研究中非常重要。

莱布尼茨引入了我们今天使用的微分符号，他从更一般的角度来看待导数，将导数视为函数微分与自变量微分的商，并用符号 $\frac{dy}{dx}$ 来表示。这种符号系统使得微积分的计算更加直观化和系统化。

微分的概念与导数密切相关，微分研究函数值的微小变化与自变量的微小变化之间的线性近似关系。莱布尼茨的微分概念先于导数概念出现，是导数概念的基础。

尽管历史上微分的概念比导数更早出现，但在现代数学中，我们通常先介绍导数再介绍微分。这种顺序反映了人们对这些概念的理解和使用。

下面是现代数学中导数与微分的严格定义：

（一）导数定义

设函数 $y=f(x)$ 在点 x_0 的某邻域内有定义，当自变量 x 在点 x_0 处取得改变量 Δx 时（点 $x_0+\Delta x$ 仍在该邻域内），函数 y 相应地取得改变量 $\Delta y=f(x_0+\Delta x)-f(x_0)$。如果当 $\Delta x \to 0$ 时，比值 $\frac{\Delta y}{\Delta x}$ 的极限存在，则称 $y=f(x)$ 在点 x_0 处可导，并称此极限值为 $f(x)$

在 x_0 点的导数，记作 $f'(x_0)$ 或 $y'|_{x=x_0}$ 或 $\frac{dy}{dx}|_{x=x_0}$ 或 $\frac{df}{dx}|_{x=x_0}$，即

$$f'(x_0)=\lim_{\Delta x\to 0}\frac{\Delta y}{\Delta x}=\lim_{\Delta x\to 0}\frac{f(x_0+\Delta x)-f(x_0)}{\Delta x}$$

若令 $x=x_0+\Delta x$，则当 $\Delta x\to 0$ 时，$x\to x_0$，定义式可写成

$$f'(x_0)=\lim_{x\to x_0}\frac{f(x)-f(x_0)}{x-x_0}$$

如果 $\lim\limits_{\Delta x\to 0}\frac{\Delta y}{\Delta x}$ 不存在，就称 $f(x)$ 在点 x_0 处不可导，x_0 为 $f(x)$ 的不可导点。

（二）微分定义

设函数 $y=f(x)$ 在点 x_0 的某邻域内有定义，当自变量 x 在点 x_0 处取得改变量 Δx 时（点 $x_0+\Delta x$ 仍在该邻域内），函数 y 相应地取得改变量 $\Delta y=f(x_0+\Delta x)-f(x_0)$。若 Δy 可以表示为

$$\Delta y=A\Delta x+o(\Delta x)\ (\Delta x\to 0),$$

其中，A 与 Δx 无关，则称 $y=f(x)$ 在点 x_0 处可微，并称 $A\Delta x$ 为 $y=f(x)$ 在点 x_0 处的微分，记作 $dy|_{x=x_0}$ 或 $df(x)|_{x=x_0}$，即 $dy|_{x=x_0}=df(x)|_{x=x_0}=A\Delta x$。

若 Δy 不能表示成 $\Delta y=A\Delta x+o(\Delta x)\ (\Delta x\to 0)$ 的形式，则称 $y=f(x)$ 在点 x_0 处不可微。

由定义可见，函数的微分 dy 与改变量 Δy 仅相差一个 Δx 的高

阶无穷小。当 $A\neq 0$ 时，微分 $\mathrm{d}y$ 是改变量 Δy 的线性主部，$\mathrm{d}y$ 和 Δy 是等价的无穷小量。

一元函数 $y=f(x)$ 在点 x 处可导与可微是等价的，并且 $\mathrm{d}y=f'(x)\mathrm{d}x$，从而导数可视为函数微分 $\mathrm{d}y$ 与自变量微分 $\mathrm{d}x$ 的商，即 $f'(x)=\frac{\mathrm{d}y}{\mathrm{d}x}$。因此，导数也被称为“微商”。

第 5 节　积分学的发展历程

积分学的发展历程是一段历史悠久、充满智慧和创新的探索之路。在这一过程中，阿基米德、牛顿、莱布尼茨、柯西和魏尔斯特拉斯等杰出数学家做出了重要贡献，使积分学从萌芽到成熟，并逐渐发展成为现代数学中的重要分支。

一、萌芽与前期探索

（一）古希腊时期

在古希腊，阿基米德通过穷竭法计算了圆的周长和面积，以及球的体积等几何量。这种方法实际上蕴含积分思想的萌芽，通过不断增加正多边形的边数来逼近圆的面积，将复杂图形分解为无限多个简单图形之和并进行求和。这一方法包含了现代微积分中的极限概念。

（二）中国古代

中国古代数学家刘徽利用“割圆术”计算圆周率，即通过不断增加圆内接正多边形的边数来逼近圆的周长和面积。祖冲之则在刘徽的基础上进一步精确了圆周率的值。这些工作也体现了积分思想的早期应用。

二、微积分学的创立

17 世纪英国数学家牛顿和德国数学家莱布尼茨分别独立地发展了微积分学。他们不仅引入了微积分符号和计算方法，还发现了微分与积分之间的关系——微积分基本公式（又称“牛顿-莱布尼茨公式”）。这一公式的发现标志着微积分学的正式诞生。

牛顿在 1665 年发明了正流数术（即微分），次年又发明了反流数术（即积分），并将二者综合在一起，在《流数简述》一书中系统阐述。他的工作不仅将代数学扩展了到分析学，而且引入了变量流动生成法，提出了流量和流数的概念，为微积分的进一步发展奠定了基础。

莱布尼茨独立于牛顿创立了微积分学。1684 年，他发表了第一篇论文，定义了微分概念，引入了微分符号 dx 和 dy。1686 年，他又发表论文，讨论了微分与积分的关系，并引入了积分符号。

莱布尼茨的工作不仅在理论上具有创新性，而且他的符号系统极大地简化了微积分的表达。

三、微积分学的进一步发展与完善

18—19 世纪，随着数学家们对微积分学的深入研究和完善，极限概念被引入微积分中，使得微积分学更加严谨和系统化。同时，泛函分析和实变函数等学科的发展也为积分学提供了更加深入和广泛的理论框架。

18 世纪，数学家们开始对微积分进行严格的证明和完善。法国数学家柯西在《分析教程》一书中给出了“变量”和“函数”的正确定义，并定义了极限的合理概念。他的工作为微积分学奠定了坚实的基础。

19 世纪德国数学家魏尔斯特拉斯进一步消除了微积分中的错误与混乱，给出了极限和连续的严格定义，并把导数、积分严格地建立在极限的基础上。他创立的 $\varepsilon-\delta$ 语言、$\varepsilon-N$ 语言至今仍在数学分析和高等数学教材中沿用。

四、积分学的应用与拓展

随着微积分学和科学技术的发展，积分学被广泛应用于物理学、工程学、经济学等多个领域。同时，计算机技术的发展也使得积分学在数值计算方面得到了极大的提升和推广。在物理学中，积分常被用来描述物体的运动规律、计算力所做的功等；在工程学中，积分被用来计算材料的面积、体积和质量等；在经济学中，积分被用来分析成本、收益和利润等。

随着泛函分析和实变函数等学科的发展，积分学也得到了进一步的深化和完善。这些学科为积分学提供了更加深入和广泛的理论框架，使得积分学成为现代数学的一个重要分支。同时，积分学还衍生出了微分几何、分析力学、天体力学等新兴领域。

五、现代积分学

到了现代，随着计算机技术的发展和普及，积分学也进入了一个新的时代。计算机能够快速地计算出复杂函数的积分值，并通过数值方法解决各种实际问题。这使得积分学在科学研究和工程实践中得到了更加广泛的应用。

目前，积分学的研究仍在不断深入和拓展。数学家们不断探索新的积分方法和理论框架，以解决更加复杂的问题和挑战。同时，他们也在关注积分学与其他学科之间的交叉融合和创新发展。

综上所述，积分学的发展历程是一段充满智慧和创新的历程。从古希腊的穷竭法到现代计算机技术的应用和新兴领域的发展，积分学不断推动着数学和科学的进步，并为人类社会的发展做出了重要贡献。

第 6 节　三次数学危机

在人类文明的长河中，数学作为一门古老而又永恒的学科，始终以其独特的魅力和深邃的内涵引领着人类的探索。在数学的发展史上，出现过许多大大小小的矛盾，但很少能威胁到整个数学基础理论。即便是千百年来人们对欧几里得几何公理第五公式的疑惑，也不曾造成数学上的危机，并最终成就了罗巴契夫斯基几何和黎曼几何。但数学史上曾出现过三次对基础理论的正确性造成严重威胁的悖论，史称数学危机。这些危机不仅考验着数学家们的智慧与勇气，更推动了数学理论的深刻变革与发展。

一、希帕索斯悖论与第一次数学危机：无理数的觉醒

大约在公元前 5 世纪，古希腊的数学家们正沉浸在毕达哥拉斯学派所构建的和谐数学世界中。毕达哥拉斯学派是古希腊最古老的哲学学派之一，有两条最能概括该学派思想特色的格言：

什么最智慧？只有数目。

什么最美好？只有和谐。

这个学派坚信“万物皆数”，即宇宙间的一切均可以表示为整数或整数之比（有理数）。该学派在数学上的重大贡献之一是

证明了勾股定理。

学派中的一员希帕索斯提出：

“边长为 1 的正方形的对角线长度是多少？这一长度不能表示成整数或整数之比（不可通约）。”

这个发现使毕达哥拉斯学派的人深感困惑。它不仅违背了毕达哥拉斯学派的信条，而且严重冲击当时“一切量均可以用有理数表示”的信仰，从而引发了“第一次数学危机”。因为这一发现，可怜的希帕索斯竟被毕达哥拉斯学派的人投进了大海，处以“淹死”的惩罚。

人们把希帕索斯发现的这个矛盾称为希帕索斯悖论。这场危机促使数学家们开始重新审视数的概念，认识到有理数并不能涵盖所有的数。无理数的发现，如同一块巨石投入平静的湖面，激起了层层涟漪。它不仅挑战了毕达哥拉斯学派的基本信仰，而且引发了数学基础理论的深刻动荡，为数学世界打开了一扇通往更广阔领域的大门，推动了数学理论的进步。

它促使几何学从依赖直觉和经验的阶段向严密的逻辑推理阶段过渡，为欧几里得几何学的建立奠定了基础。同时，这场危机也促使数学家们开始探索更加抽象和深奥的数学领域，为后来的数学发展奠定了思想基础。

尽管无理数的存在是不可否认的事实，但这一数学危机直至 1872 年才由德国数学家戴德金通过有理数分割的理论解决。从此，无理数被正式纳入数学体系，结束了长达 2 300 多年的第一次数学危机。

二、贝克莱悖论与第二次数学危机：微积分的困惑

17 世纪，由于牛顿和莱布尼茨的杰出贡献，微积分学应运而生，迅速成为解决科学问题的重要工具。微积分的方法建立在无穷小量概念的基础上，而牛顿、莱布尼茨对无穷小量的运用有些混乱，使用的无穷小量概念缺乏严格的数学基础，引发了广泛的争议和质疑，使得微积分学的合理性受到了严重挑战。争论的核心问题是：

无穷小量到底是不是零？

无穷小量及其分析是否合理？

这引发了数学界甚至哲学界长达一个半世纪的争论，造成了第二次数学危机。

无穷小量到底是不是零？牛顿始终无法解决上述矛盾。莱布尼茨曾经试图使用与无穷小量成比例的有限量的差分来代替无穷小量，但是他也没有找到从有限量过渡到无穷小量的途径。

英国大主教贝克莱于在 1734 年的文章中批评流数（导数）“是消失了的量的鬼魂……能消化得了二阶、三阶流数的人，是不会因吞食了神学论点就呕吐的”。他认为用忽略高阶无穷小而消除了原有的错误，“是依靠双重的错误得到了虽然不科学却是

正确的结果”。贝克莱抓住了当时微积分、无穷小方法中一些不清楚、不合逻辑的问题，但他是出于对科学的厌恶和对宗教的维护，这一论点在史上称为贝克莱悖论。

18 世纪的数学强调形式的计算而缺乏严谨性，主要表现为：没有清楚的极限和无穷小概念，进而使导数、微分、积分等概念不够严谨；无穷大概念不够清晰；发散级数求和具有任意性；符号使用不严格；等等。

第二次数学危机促使数学家们开始重新审视微积分的理论基础。直到 19 世纪 20 年代，魏尔斯特拉斯在柯西、阿贝尔等开创的数学分析严格化潮流中，以 $\varepsilon-\delta$ 语言系统建立了数学分析的严谨基础。在魏尔斯特拉斯的分析体系中可以看出，无穷小不是一个确定的数，而是反映变元或函数的一种状态；无穷小也不是零，但它的极限是零。

从阿贝尔、柯西等人的工作开始，到魏尔斯特拉斯、戴德金和康托尔的工作结束，历经半个多世纪，这一矛盾基本得以解决，从而为数学分析奠定了一个严格的基础。

魏尔斯特拉斯的工作基本完成了分析的算术化，加上实数理论、集合论的建立，从而把无穷小量从形而上学的束缚中解放出来，建立了严谨的极限和实数理论。这使数学走向了理性，微积分走向了严谨，第二次数学危机基本解决，微积分学也由此获得了更加坚实的理论基础。这场危机不仅推动了数学理论的进步，而且促进了数学与物理、天文等其他学科的交叉融合，为科学技术的迅猛发展提供了强有力的支撑。

三、罗素悖论与第三次数学危机：逻辑的迷雾

19 世纪末至 20 世纪初，随着数理逻辑和集合论的兴起，数学家们开始探索更加抽象的数学领域。1897 年，福尔蒂揭示了集合论中的第一个悖论。两年后，康托尔发现了相似悖论。1902 年，英国哲学家、数学家伯特兰·罗素又发现了一个悖论，它除了涉及集合概念本身外不涉及别的概念，即罗素悖论。

罗素悖论可以表述为：

如果存在一个集合 $A = \{X|X \notin A\}$，那么 $X \in A$ 是否成立？

如果它成立，那么 $X \in A$，不满足 A 的特征性质。

如果它不成立，A 就满足了特征性质。

这种自我指涉和循环定义的特性使得罗素悖论成了一个难以解决的难题。

罗素悖论有多种通俗化的表述，其中最著名的是罗素的理发师悖论。理发师宣布了一条原则：他给所有不给自己理发的人理发，并且只给村里这样的人理发。

请问：理发师是否自己给自己理发？

如果他不给自己理发，那么按照原则他就该为自己理发；

如果他给自己理发，那么他就不符合他的原则。

这样就形成了一个无法解决的矛盾，展示了当一个规则或定义自我指涉时可能会导致的逻辑混乱。

还有一个有趣的说法：一个人说“我在撒谎”，问此人到底是撒谎还是说实话？

罗素悖论像一场突如其来的风暴，使得数学家们不得不重新审视数学基础理论的可靠性，并促使数学家们提出了一系列解决方案，如公理化集合论等。

这个看似荒谬的悖论实际上满足了集合论的公理，暴露了集合论潜在的漏洞。由于集合论已经成为数学的一大支柱，因此引发了整个数学界对数学基础理论完备性的深刻质疑，直接导致了第三次数学危机。

迄今为止，第三次数学危机仍未得到彻底解决。1931 年，德国数学家哥德尔取得了突破性进展，他提出了著名的“不完备性定理”：任何包含算术的形式系统，如果是一致的（即无矛盾的），则必定是不完备的（即存在无法证明也无法证伪的命题）。这一发现震惊了数学界，因为它意味着数学家们不可能构建出一个既完备又一致的形式化数学系统。其他数学家在此基础上通过将集合的构造公理化来排除悖论中集合的存在性。例如，策梅洛和弗伦克尔等提出了 ZFC 公理系统，严格规定了一个集合存在的条件，从而使悖论中的集合无法定义。

随着新的公理系统的建立和应用，数学家们逐渐走出了第三次数学危机的阴影，开始重新审视并发展各个领域的数学知识，从几何学到代数学，从分析学到拓扑学，均取得了前所未有的进步和突破，数学的严谨性和实用性得到了极大的提升。

数学的三次危机是数学发展史上的重要里程碑，挑战了数学家们的思维极限，促使诸多数学家不断反思和完善数学基础和逻辑，激发了数学理论的深刻变革，也间接促进了科学领域的飞速发展。

这些危机告诉我们，数学并不是一门完美无瑕的学科，它的发展总是充满挑战和争议。然而，正是这些挑战和争议推动了数学研究的深入，使得数学成为解决科学问题、推动技术发展的强大工具。未来，数学仍将继续面对新的挑战，而每一次挑战都可能是开启新知识大门的钥匙。

第2章　实数的无穷奥秘

没有任何问题可以像无穷那样深深地触动人的情感，很少有别的观念能像无穷那样激励理智产生富有成果的思想，然而也没有任何其他的概念能像无穷那样需要加以阐明。

——大卫·希尔伯特

实数，这个看似简单却蕴含无尽奥秘的数字世界，不仅是数学大厦的基石，更是连接现实与抽象思维的桥梁，引领我们探索从有理到无理、从有限到无限的深邃之旅。本章选取了希尔伯特无穷旅馆的故事、无穷集合元素多少的比较两方面的内容来展示实数的奥秘。

第1节　希尔伯特无穷旅馆的故事

希尔伯特无穷旅馆（也称为希尔伯特旅馆悖论）是由德国著名数学家大卫·希尔伯特提出的与无限集合有关的数学悖论，也是一个富有启发性和趣味性的数学悖论。它不仅展示了无限集合的奇妙特性，还促进了人们对数学、哲学等多个领域的深入思考和研究。

希尔伯特是 20 世纪最伟大的数学家之一，被誉为“数学世界的亚历山大”。他在 1924—1925 年的冬季学期，于哥廷根大学进行了一系列关于无限的讲座，涉及数学、物理学和天文学等领域。为了更好地解释无限集合与有限集合的区别，希尔伯特在他 1924 年 1 月的一次演讲中，提出了“希尔伯特无穷旅馆”的有趣思想实验。这个著名的思想实验巧妙地揭示了关于无穷集合的一些令人费解的特性，在数学界产生了深远影响。

想象一下，有一家旅馆，它有无穷多的房间，分别编号为 1，2，3，4，…（见图 2-1）。现在，这个无穷旅馆已经满员，每个房间都住上了客人。

图 2-1　希尔伯特无穷旅馆

该旅馆有一条醒目的广告："已经客满，但永远接受新客人，因为我们是希尔伯特无限旅馆!"

一、单个新客入住

某天晚上，一位新的客人来到前台，咨询是否还有空的房间。前台经理一点也不担心，微笑着回答："当然有!"他通知每位原来的住客移动到下一个房间，即住在房间 n 的客人搬到房间 $n+1$，即

$$n \to n+1$$

这样一来，房间 1 就空出来了，新来的客人就可以住进去。这看似不可能的事情，在无穷旅馆里竟轻而易举地实现了。

大家可能会想：新客安排到最后那个房间不就可以了吗？问题的关键是：大家能说出最后那个房间号码吗？这也是无限集合与有限集合的重要区别。

二、有限个新客入住

如果有有限个（如 10 位）新的客人想要入住，前台经理也可以轻松做到，可以将每位现有客人从其当前房间 n 移动到房间 $n+10$，即

$$n \to n + 10$$

从而空出前 10 个房间供新客人入住。

三、无限（可数）个新客入住

想象一下，一辆无限长的巴士，载着无限多位新的客人到达了旅馆。

前台经理依旧毫不慌张，告诉所有现有的客人按照他的方法移动，房间 n 的客人搬到房间 $2n$，即

$$n \to 2n$$

这样，所有奇数编号的房间（1，3，5，7，…）均可以空出来了，新来的客人就可以依次住进这些奇数房间。

四、无穷多个无穷的新挑战

更为疯狂的是，假如有无穷多辆这样的巴士，每辆巴士上又有无穷多的客人，来到旅馆希望入住。怎样才能够入住呢？

前台经理再一次展示了他的无穷智慧：他想到公元前 300 年，欧几里得证明了质数（素数）有无限个，可以利用质数序列和幂次方的概念，为每位新客人分配一个独一无二的房间号。

他安排房间 n 的住客搬到房间 2^n，这样原有客人依次分配到第一个质数 2 的指数次幂的房间（以他们当前的房间号为指数），即

$$2^1,\ 2^2,\ 2^3,\ \cdots,\ 2^n,\ \cdots$$

第一辆巴士上的乘客按照第二个质数 3 的指数次幂分配房间：

$$3^1,\ 3^2,\ 3^3,\ \cdots,\ 3^n,\ \cdots$$

第二辆巴士上的乘客按照第三个质数5的指数次幂分配房间，即

$$5^1,\ 5^2,\ 5^3,\ \cdots,\ 5^n,\ \cdots$$

第三辆巴士上的乘客按照第四个质数7的指数次幂分配房间，依此类推。这样，不仅无穷多辆无限巴士的乘客均可入住，而且还空出了无数房间。

对于这种情形，也可以考虑按以下方法安排新客入住。将每个旅客编号，如第2辆客车座位号为3的旅客记为（2，3）。

首先将所有奇数号房间腾空，再按以下顺序安排入住：

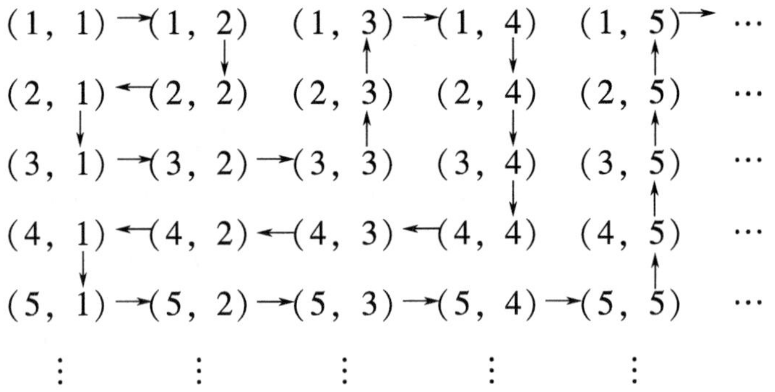

$$\begin{array}{ccccccccccc}
(1,1) & \rightarrow & (1,2) & & (1,3) & \rightarrow & (1,4) & & (1,5) & \rightarrow & \cdots \\
 & & \downarrow & & \uparrow & & \downarrow & & \uparrow & & \\
(2,1) & \leftarrow & (2,2) & & (2,3) & & (2,4) & & (2,5) & & \cdots \\
\downarrow & & & & \uparrow & & \downarrow & & \uparrow & & \\
(3,1) & \rightarrow & (3,2) & \rightarrow & (3,3) & & (3,4) & & (3,5) & & \cdots \\
 & & & & & & \downarrow & & \uparrow & & \\
(4,1) & \leftarrow & (4,2) & \leftarrow & (4,3) & \leftarrow & (4,4) & & (4,5) & & \cdots \\
\downarrow & & & & & & & & \uparrow & & \\
(5,1) & \rightarrow & (5,2) & \rightarrow & (5,3) & \rightarrow & (5,4) & \rightarrow & (5,5) & & \cdots \\
\vdots & & \vdots & & \vdots & & \vdots & & \vdots & &
\end{array}$$

希尔伯特无穷旅馆不仅是对数学逻辑的挑战，更是对人类认知边界的拓展。它展示了可数无限的奇妙特性，可以很好地帮助我们理解“可数无限”，让我们重新思考无穷的性质和奥妙。

康托尔发现并证明了无穷大也可以有不同的“大小”，存在比可数无穷更大的无穷，例如实数集的无穷。

大家可以思考一下：如果所有房间已经客满，又来了无限多的客人，客人的数量和数轴上（0，1）区间内的点一样多，该旅馆还能容纳新来的客人们吗？

这种情形的解决需要用到更多集合论的知识：如何比较无限集合元素的多少？有理数集与无理数集哪个集合含有的元素多？这在“实变函数”或“测度论”中有详细介绍。

第 2 节　无穷集合元素多少的比较

一、全体自然数与全体平方数谁多谁少？

早在 1638 年，意大利天文学家伽利略提出了这样—个有趣问题：

全体自然数与全体平方数谁多谁少？

在那个时代，这个问题无人能够回答，但是为集合论的诞生播下了种子。

19 世纪下半叶，德国数学家戴德金在论文中提出：“如果一个系统 s 能和本身的一部分相似，则称 s 是无限的，否则称 s 是有限的。”

康托尔认为戴德金关于无限的定义合理，但是无限集合之间千差万别，并不相似，应该加以区别。1873 年，康托尔研究了无限集合的度量问题，给出了度量集合的基本概念“一一对应”，以此来衡量集合大小。

若两个集合之间能够建立一一对应的关系，则称这两个集合具有相同的基数（或势），即集合“一样大”。

1873 年 12 月 7 日，康托尔把自己这一研究成果告诉了戴德金，此后数学史家将这一天视为集合论的诞生日。康托尔汇总他的这些研究成果，发表了有关集合论的第一篇论文《论所有实代数集合的一个性质》，具有开创性的意义。后续 10 年间，他继续探索并发表了一系列论文，并于 1883 年出版了著名的专著《集合论基础》。

显然，全体自然数与全体平方数可以建立一一对应关系：

$$n \to n^2$$

从而全体自然数与全体平方数一样多，解答了伽利略的问题。

康托尔称自然数的集合 N 为“可数无穷”，用$\aleph_0$（读作阿列夫零）来表示这种无穷的大小。

若集合 X 是可数无穷，则存在一个一一映射：

$$f: N \to X$$

从而 X 可以表示为：

$$X = \{f(1), f(2), \cdots, f(n), \cdots\}$$

即 X 可以逐个来数。可数无穷集也称为可列集。

易知全体平方数、全体整数都是可数无穷。

二、有理数集 Q 是否可数?

再深入思考以下问题:

有理数集 Q 是否可数?

答案是肯定的，可以通过将正有理数表示为 $\frac{q}{p}$（其中 p 和 q 为互质的正整数），再记为 $(p,\ q)$，利用以下方法逐个数，即

$$
\begin{array}{ccccccccccc}
(1,1) & \rightarrow & (1,2) & & (1,3) & \rightarrow & (1,4) & & (1,5) & \rightarrow & \cdots \\
 & & \downarrow & & \uparrow & & \downarrow & & \uparrow & & \\
(2,1) & \leftarrow & (2,2) & & (2,3) & & (2,4) & & (2,5) & & \cdots \\
\downarrow & & & & \uparrow & & \downarrow & & \uparrow & & \\
(3,1) & \rightarrow & (3,2) & \rightarrow & (3,3) & & (3,4) & & (3,5) & & \cdots \\
 & & & & & & \downarrow & & \uparrow & & \\
(4,1) & \leftarrow & (4,2) & \leftarrow & (4,3) & \leftarrow & (4,4) & & (4,5) & & \cdots \\
\downarrow & & & & & & & & \uparrow & & \\
(5,1) & \rightarrow & (5,2) & \rightarrow & (5,3) & \rightarrow & (5,4) & \rightarrow & (5,5) & & \cdots \\
\vdots & & \vdots & & \vdots & & \vdots & & \vdots & &
\end{array}
$$

其中 p 和 q 不互质时，如 $(2,\ 2)$，跳过去再数即可。因此，正有理数是可数的，从而可得负有理数、有理数均是可数的。

三、实数是否可数?

更复杂的问题是：实数是否可数?

康托尔利用对角线论证的方法证明了区间 $(0,\ 1]$ 上的所有实数不是可数无穷的，从而实数集是不可数的，即实数的无穷比自然数的无穷要大。

证明采用了反证法。假设（0，1］上的所有实数是可数无穷的。将所有实数均用十进制无限小数来表示，其中有限小数采用9循环记法，如0.126记为0.125 999…，并排成一个数列（不需要按大小次序），记为$\{r_k\}$，例如：

$$r_1 = 0.236\,157\,9\cdots$$

$$r_2 = 0.524\,875\,6\cdots$$

$$r_3 = 0.135\,069\,5\cdots$$

$$r_4 = 0.739\,628\,7\cdots$$

$$r_5 = 0.992\,559\,3\cdots$$

$$\vdots$$

将以上数列按照以下规则来构造一个（0，1］上的实数x：

对于每个正整数k，如果r_k的第k个小数位等于5，则x的第k个小数位取为4；如果r_k的第k个小数位不等于5，则x的第k个小数位取为5。

在上述示例中，

$$x = 0.554\,54\cdots$$

显然，x为（0，1］上的实数，但与$\{r_k\}$中的每个数均不相同（因为它的第k位与第k个小数r_k不同），因此x不在（0，1］上的实数$\{r_k\}$的列表中，与“（0，1］上的所有实数是可数无穷的”矛盾。

康托尔的研究表明，即使列出所有可能的无限小数，总能构造出一个不在这个列表中的新小数，从而证明了不可数无穷的存在。(0，1] 上的所有实数是不可数无穷的，从而实数是不可数无穷的。

以上所用的对角线论证方法展示了数学中构造性证明的力量，巧妙地利用了对角线上的数字来构造一个与集合中所有元素都不同的新元素，揭示出无穷集合的复杂性。对角线论证的思想和方法在数学和逻辑学上影响深远，推动了数学基础理论和哲学思考的发展。

康托尔定义了一系列描述无穷集合大小的数，称为阿列夫数，用来描述不同层次的无穷。其中：$\aleph_0$ 是最小的无穷，表示自然数集的基数；实数集 R 的基数为连续基数，记为 c。

康托尔提出了著名的康托尔定理：

任何非空集合的幂集（即由非空集合的所有子集构成的集合）的基数严格大于原集合的基数。

这一定理对于有限集合和无限集合都成立，特别是可数无限集合的幂集是不可数无限的。该定理也称为无最大基数定理。

1878 年，康托尔提出以下著名的猜想：

连续统假设，即不存在比自然数的无穷 $\aleph_0$ 大但比实数的无穷 c 小的无穷集合，即在可数集基数和实数集基数之间没有别的基数。

这个假设在数学界引起了广泛讨论，在 1900 年第二届国际数学家大会上，希尔伯特把康托尔的连续统假设列入了 20 世纪数学所面临的有待解决的 23 个重要数学问题之首。此难题的解决直到

1963年才由科恩以及哥德尔取得进展。他们证明了在已有的集合论公理系统中，既不能证明连续统假设成立，也不能证明连续统假设不成立。因此，连续统假设成立与否，均可认为与集合论其他公理相容。连续统假设尽管取得了重大进展，但尚未得到完美解决，亟待进一步探索。

在以上讨论中，我们知道了无穷集合有不同的“大小”或“基数”。自然数集 N、整数集 Z 和有理数集 Q 均是可数无穷的，大小为$\aleph_0$，无理数集、实数集 R 和区间（0，1］内的实数是不可数无穷的，大小为 c。

利用测度论的知识，可以进一步得出，尽管有理数在实数中稠密，即任意两个不同的实数之间总存在有理数，但有理数在实数中是一个零测集（可参阅测度论），而无理数构成了实数的大多数。

康托尔引入了集合论的概念，特别是可数集和不可数集的概念，并研究了无穷集合的比较和计数、可数无穷和不可数无穷的区分、基数的概念等，是人类认识史上第一次给“无穷”建立起抽象的形式符号系统及运算，从本质上揭示了无穷的特性。这具有里程碑意义，极大地扩展了数学的研究领域，并为现代数学的发展奠定了坚实的基础。

集合论冲击了传统的观念，颠覆了很多前人的想法，最初并不被广泛接受，遭到了许多科学家的强烈反对。再加上连续统假设长期得不到证明，康托尔精神上屡遭打击，多次出现不同程度的精神崩溃。但是康托尔始终坚信他的理论，在病中坚持不懈地研究，完成了无穷理论中最伟大部分的工作。

真理永远不会被埋没！在 1897 年第一次国际数学家大会上，康托尔的成就获得了广泛而高度的赞誉。数学家们惊奇地发现，从自然数与康托尔集合论出发，可以建立起整个数学大厦，集合论可谓现代数学的基石。康托尔在数学上的丰功伟绩，以及敢于向“无穷”冒险迈进的精神，不仅在当时引起巨大反响，更为如今数学理论发展做出了不朽贡献。

第3章　极限的深邃思想

在数学中最令我欣喜的，是那些能够被证明的东西。

——罗素

极限是数学分析中最基本、最核心的概念之一，也是连接初等数学与高等数学的重要桥梁。极限贯穿于整个数学分析的学习过程中，数学分析中的许多核心概念，如连续、导数、定积分、无穷级数、曲线积分、曲面积分等，均是利用极限来进行定义和研究的。极限不仅为微积分、函数论、级数论、微分方程等多个数学分支的发展提供了基础理论和工具支持，而且在物理学、工程学、经济学等领域也有非常广泛的应用。

本章通过极限思想的起源、深奥的数列极限概念、神秘的无穷小量三方面来展现极限的深邃思想。

第1节　极限思想的起源

极限思想的萌芽可以追溯到古希腊时期，科学家阿基米德在研究面积和体积时使用了类似于极限的方法。他在使用穷竭法求抛物线的弓形面积时，发现这种方法不够严谨，因此在获得结果后他又使用归谬法从逻辑上证明了结果的正确性。

阿基米德发现第 n 个多边形的面积与抛物线弓形的面积有一个差值，并且随着 n 的增大，这个差值越来越小（见图 3-1），直到不可能是一个确定的大于零的常数。但这个差值也不可能小于零，根据归谬法，差值只可能等于零。在此，阿基米德提出了一个相当于现在“无穷小量”的概念。他使用的归谬法正是柯西极限思想的雏形，但是没有体现分割的过程，即对于“无限可分”思想没有做出解释。

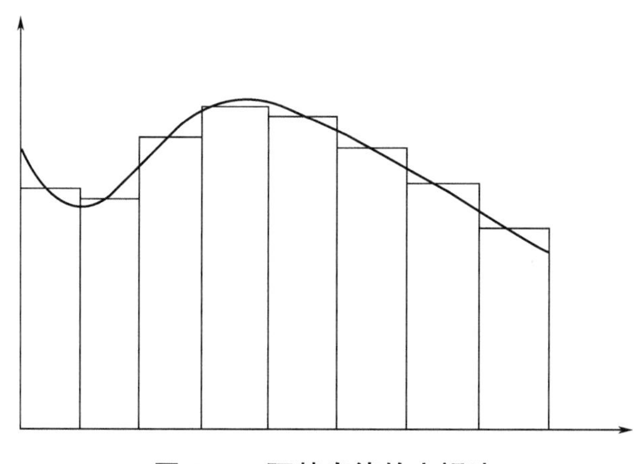

图 3-1　阿基米德的穷竭法

我国极限思想最早出现大概是在公元前 4 世纪（春秋战国时期），道家的庄子在其所著的《庄子 · 天下》中对“截杖问题”有一句名言：“一尺之棰，日取其半，万世不竭。”意思是说，将一尺长的木棒，每日截下它的一半，这样的过程可以无限进行下去，永远也截不完，剩下的部分会逐渐趋于零，但永远不会是零。

公元 3 世纪，我国魏晋时期的数学家刘徽创造性地将极限思想应用于数学领域，创立了有名的“割圆术”，通过不断倍增圆内接正多边形的边数求出圆周率，为圆周率的计算建立了严密的理论和完善的算法（见图 3-2）。正如刘徽所说：“割之弥细，所失弥少，割之又割，以至于不可割，则与圆周合体，而无所失矣。”意思是说，分割越细，误差就越小，无限地细分下去，就可以逐步逼近圆周率的真实值，直到无法分割为止。这时所得到的圆内接正多边形的边数无限多，并且周长与圆周“合体”。

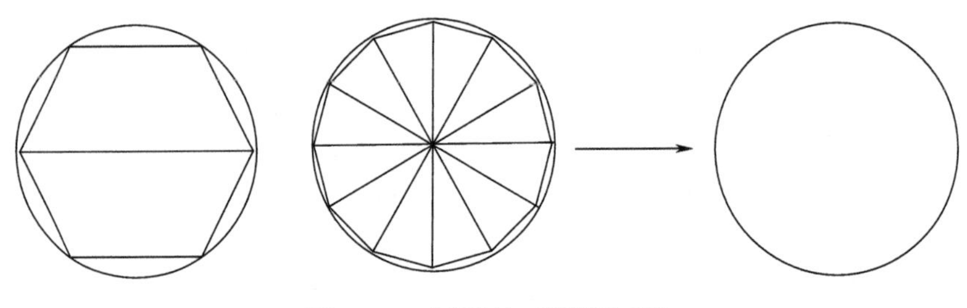

图 3-2　刘徽的“割圆术”

真正系统化的极限思想出现在 17 世纪，伴随着微积分的诞生。牛顿和莱布尼茨在独立发展微积分时，都应用了极限工具，但由于极限描述性定义的模糊性，当时受到很多质疑。

牛顿在创立微分学时引用了运动学中的例子，平均速度是路程的增量 Δs 与时间增量 Δt 的比值，当时间增量 Δt 趋近于 0 时，平均速度将趋近于瞬时速度。牛顿意识到了极限概念的重要性，定义极限为：

“两个量和量相比，如果在有限时间内不断趋于相等，且在这一时间终了之前互相靠近，使得其差小于任意给定的差，则最终就成为相等。”

牛顿在无穷小的处理上受到很多质疑。平均速度是路程增量 Δs 与时间增量 Δt 之比，时间增量 Δt 等于 0 时的平均速度是瞬时速度，那么这个 Δt 到底是不是 0 呢？如果是 0，怎么可以放在分母上？如果不是 0，为什么在某些计算场合下可以将这不是 0 的微小部分去掉？时而可以把无穷小当作 0，时而又不可以作为 0，这种对无穷小量的处理显然缺乏严谨性。英国大主教贝克莱对微积分的攻击最为猛烈，他说微积分的推导是“分明的诡辩”，用错误的思想和错误的方法得到了正确的结果。

在微积分于 17 世纪诞生后的近 200 年间，虽然微积分的理论与应用获得巨大的发展，但是整个微积分的理论依然建立在直观、模糊不清的极限概念上，缺乏一个牢固的基础。直到 19 世纪，法国数学家柯西和德国数学家魏尔斯特拉斯引入了极限的严格定义，为极限提供了精确的数学表述，建立起严密的极限理论，才使微积分完全建立在严格的极限理论基础之上，奠定了现代分析学的基础。

柯西将极限定义为：

当一个变量逐次所取的值无限趋于一个定值，最终使变量的值和该定值之差要多小就多小，这个定值就叫作所有其他值的极限值。特别地，当一个变量的绝对值无限地减小使之收敛到极限0，就说这个变量为无穷小。

柯西的极限定义刻画了极限的本质，但是其表述以描述语言为主，仍不是一个纯粹的数学定义。

魏尔斯特拉斯给出了极限的最精准定义，完全消除了柯西陈述中残留着的几何影子，这就是著名的极限“$\varepsilon-N$”和“ε-δ”定义。该定义用专业的数学语言来表述，有逻辑定义、逻辑推导和不等式，是一个严格的代数定义。虽然这一定义看起来很抽象，但精准刻画了极限的本质，一直沿用至今。

第2节　深奥的数列极限概念

理解极限的概念是每位初出茅庐的数学学习者必须跨越的最主要的障碍之一。对于初学者来说，正确理解和把握极限概念有一定的困难，需要进行反复思考和学习。

极限研究变量的变化趋势。极限概念最初是在运动观点的基础上，凭借几何直观产生的直觉，常用下面这样的描述性语言来进行定义。

一、数列极限的描述性定义

当 n 无限增大时，a_n 无限趋近于常数 A，则称数列 $\{a_n\}$ 收敛于极限 A，记作 $\lim\limits_{n\to\infty}a_n = A$。

在极限的描述性定义中，下标 n 的变化过程和数列 $\{a_n\}$ 的变化趋势均借助了“无限”这样一个明显带有直观模糊性的形容词。但是直观有时不可靠，无法进行严格证明，我们需要将直观的定性描述转化为数学语言的定量描述。

以数列 $\{a_n\} = \left\{\dfrac{n+(-1)^n}{n}\right\}$ 为例，易见当 n 无限增大时，a_n 无限趋近于 1，即 a_n 和 1 的距离

$$|a_n - 1| = \frac{1}{n}$$

可以任意小，可以要多小有多小。

要使 $|a_n - 1| = \dfrac{1}{n} < 0.1$，只要使 $n > 10$。

要使 $|a_n - 1| = \dfrac{1}{n} < 0.01$，只要使 $n > 100$。

要使 $|a_n - 1| = \dfrac{1}{n} < 0.001$，只要使 $n > 1\,000$。

我们注意到，只要给出任意一个非常小的正数，均可以在下标大到一定程度时实现。

如何刻画 $|a_n - 1| = \dfrac{1}{n}$ 可以任意小？即刻画“对所有任意小

的正数，均可以做到 $|a_n - 1| = \frac{1}{n}$ 比这个小数还小”。

由于所有非常小的正数有无穷多个，无法逐一验证“当 n 无限增大时，a_n 和 1 的距离 $|a_n - 1| = \frac{1}{n}$ 可以任意小”。这就需要突破具体思维，引进抽象字母 ε 来代表“可以任意小的正数”，只要验证“当 n 无限增大时，$|a_n - 1| = \frac{1}{n} < \varepsilon$”即可。

要使 $|a_n - 1| = \frac{1}{n} < \varepsilon$，只要使 $n > \frac{1}{\varepsilon}$，即只要数列下标 n 大到一定程度（用 n 大于某个正整数 N 来表示），就有 $|a_n - 1| < \varepsilon$。

从以上具体例子中抽象出来，可以得到数列极限的分析定义，即 $\varepsilon - N$ 定义。

二、数列极限的 $\varepsilon - N$ 定义

若对于任意给定的正数 $\varepsilon > 0$，均存在一个正整数 N，使得对于所有 $n > N$，$|a_n - A| < \varepsilon$ 恒成立，则称数列 $\{a_n\}$ 收敛于极限 A，记作 $\lim\limits_{n \to \infty} a_n = A$。

在该定义中，数列极限通过引入两个抽象字母 ε 和 N，精确地刻画了无限趋近的过程，避免了直观描述中的模糊性，展示出数学的逻辑美。

该定义用专业的数学语言来表述，有逻辑定义、逻辑推导和

不等式，是一个严格的代数定义。虽然这一定义看起来很抽象，但精准刻画了极限的本质，一直沿用至今。

为更好地理解和应用数列极限的 $\varepsilon - N$ 定义，需要深入理解定义中的两个抽象字母 ε 和 N。

（一）关于 ε

1. ε 的任意性

ε 为任意给定的正数，可以任意小。用 $|a_n - A| < \varepsilon$ 来衡量数列通项 a_n 与定数 A 的接近程度。ε 越小，表示 a_n 越接近于 A。

由于 ε 可以任意小，说明 a_n 与 A 可以接近到任何程度，从而刻画了“ a_n 可以无限趋近于 A ”。

2. ε 的暂时固定性

尽管 ε 有任意性，但一经给出，就暂时被确定下来，利用 $|a_n - A| < \varepsilon$ 来求 N。

3. ε 的多值性

ε 既然是任意小的正数，那么 $\dfrac{\varepsilon}{2}$，2ε，ε^2 等也是任意小的正数，可以用来代替 $|a_n - A| < \varepsilon$ 中的 ε。

4. ε 的可限制性

由于 ε 为任意给定的正数，可以任意小，若对于 ε，“存在正整数 N，使得当 $n > N$ 时，$|a_n - A| < \varepsilon$ 恒成立”，则对于任何 $\varepsilon_1 > \varepsilon$，当 $n > N$ 时，$|a_n - A| < \varepsilon < \varepsilon_1$ 显然成立。因此，可以只

考虑 ε 很小的情形，可以根据需要“不妨设 $0 < \varepsilon < k$（其中 k 为某个正数）”，如不妨设 $0 < \varepsilon < 1$ 等。

定义中 $|a_n - A| < \varepsilon$ 可以改为 $|a_n - A| \leqslant \varepsilon$。

（二）关于 N

1. N 的相应性

正整数 N 用来刻画“要使 $|a_n - A| < \varepsilon$，需要下标 n 充分大的程度，即 $n > N$”。

N 一般与 ε 有关，常记作 $N(\varepsilon)$，来强调 N 依赖于 ε。一般地，N 随 ε 的变小而变大。

2. N 的多值性

N 不唯一，只要找到一个 N，那么所有比 N 大的正整数均可选作 N，一般只关心 N 的存在性。

为应用方便，N 可以不取作正整数，直接取为正数，因为满足条件的正数 N 如果存在，则比 N 大的任何正整数必能使条件成立。

定义中的 $n > N$ 可以改为 $n \geqslant N$。

三、数列极限的几何定义

从几何意义上看，“当 $n > N$ 时，$|a_n - A| < \varepsilon$ 恒成立”意味着数列中所有下标大于 N 的项均落在邻域 $U(A;\ \varepsilon)$ 内，至多只有 N 项（有限个）落在 $U(A;\ \varepsilon)$ 外。反过来，任给 $\varepsilon > 0$，若在邻

域 $U(A;\ \varepsilon)$ 外，数列 $\{a_n\}$ 中的项只有有限多项，设这有限多项的最大下标为 N，则当 $n > N$ 时，有 $a_n \in U(A;\ \varepsilon)$，即 $|a_n - A| < \varepsilon$。因此，可以从几何意义角度给出数列极限的一种等价定义：

任给 $\varepsilon > 0$，若在邻域 $U(A;\ \varepsilon)$ 外，数列 $\{a_n\}$ 中的项只有有限多项，则称数列 $\{a_n\}$ 收敛于极限 A。

数列极限的 $\varepsilon - N$ 定义消除了极限描述性定义的模糊性，用专业的数学语言进行表述，包含逻辑和不等式，精准刻画了极限的本质，为数学分析奠定了严谨的理论基础。

第 3 节　神秘的无穷小量

一、无穷小量的起源

在微积分和其他数学分支中，无穷小量均发挥着重要作用。对无穷小量的认识可以追溯到古希腊时期，阿基米德用无限小量（即现在的无穷小量）得到了许多重要的数学结果，但他认为无穷小量方法存在不合理的地方。

到了 17 世纪，由于牛顿和莱布尼茨的杰出贡献，微积分学应运而生，迅速成为解决科学问题的重要工具。牛顿和莱布尼茨在建立微积分理论时，均使用了无穷小量的概念来描述和求解各种数学问题。但当时对无穷小量的运用有些混乱，使用的无穷小量概念缺乏严格的数学基础，引发了广泛的争议和质疑，使得微积分学的合理性受到了严重挑战，由此引发了数学界甚至哲学界长达一个半世纪的争论，造成了第二次数学危机。

争论的核心关键问题是：

无穷小量究竟是不是零？

无穷小量及其分析是否合理？

牛顿始终无法解决上述矛盾。莱布尼茨曾经试图使用与无穷小量成比例的有限量的差分来代替无穷小量，但是他也没有找到从有限量过渡到无穷小量的途径。

无穷小量概念的不严谨导致导数、微分、积分等概念不清楚。直到 1821 年，柯西在其所著的《分析教程》中才对无限小的概念给出明确的回答，“当一个变量的绝对值无限地减小使之收敛到极限 0，就说这个变量为无穷小”。这个定义给出了一个正确的信息，无穷小是一个以 0 为极限的变量，它可以无限接近 0，而本身可以不是 0。这就完美解释了为什么无穷小量作为分母时可以不看作 0 直接除，但在别的计算中又可以直接舍去。有关无穷小量的理论在柯西的理论基础上进一步发展起来。

魏尔斯特拉斯在柯西、阿贝尔等开创的数学分析严格化潮流中，以 $\varepsilon-\delta$ 语言，系统建立了数学分析的严谨基础。在魏尔斯特拉斯的分析体系中可以看出，无穷小不是一个确定的数，而是反映变量或函数的一种状态；无穷小也不是零，但它的极限是零。

魏尔斯特拉斯的工作基本上完成了分析的算术化，加上实数理论、集合论的建立，从而把无穷小量从形而上学的束缚中解放出来，建立了严谨的极限和实数理论。这使数学走向了理性，使微积分走向了严谨，第二次数学危机基本解决，微积分学也由此获得了更加坚实的理论基础。

二、无限多个无穷小量的运算性质

极限为零的变量（函数）称为无穷小量，简称无穷小。如果在自变量的某变化过程中，函数的极限存在，则函数与其极限的差为无穷小量，从而可以将函数极限转化为无穷小量进行研究。

已知有限多个无穷小量的和、差、积还是无穷小量，那么这个性质能否推广到无限情形呢？无限多个无穷小量的和、差、积还是无穷小量吗？

易知：无限个无穷小量的和或差不一定是无穷小量，如

$$\underbrace{\frac{1}{n}+\frac{1}{n}+\frac{1}{n}+\cdots+\frac{1}{n}}_{n\text{个}}=1$$

尽管当 $n \to \infty$ 时 $\frac{1}{n}$ 是无穷小量，但当无穷小量的个数多到一定程度时，量变引起了质变，使得无限个无穷小量的和不一定

是无穷小量。

一个非常有意思但很烧脑的问题是：

无限多个无穷小量的乘积是不是无穷小量？

直觉上，既然有限多个无穷小量的乘积还是无穷小量，那么无穷小量个数越多，乘积就应该越小，从而可以得出结论，无限多个无穷小量的积是无穷小量。

但是直觉往往是靠不住的。事实上，这涉及收敛与一致收敛的问题，无穷小量的本质是极限为 0 的函数，无穷多个函数相乘，虽然每个函数的极限都是 0，但是它们趋于 0 的速度却不一定一致，可能在任意时间都仍然有无穷多个项是不趋于 0 甚至不小于 1 的，这样总的乘积就可能不趋于 0。

具体而言，每个无穷小量可能只在变量变化到某个时刻后才任意小，而在这时刻之前变量的值没有限制，可以有较大的值。以数列为例，不妨构造无穷多个通项趋于零的数列（即无穷小数列），但对每个 n，只有有限多个数列在这个时刻已进入任意小，而有无限多个无穷小量仍处在可以取较大值的阶段（这种特性是有限多个无穷小量的乘积所没有的），于是就可能出现变量性质上的变异。具体构造如下，每行均是一个无穷小数列（即通项为无穷小量）：

$$1,\ \frac{1}{2},\ \frac{1}{3},\ \frac{1}{4},\ \cdots,\ \frac{1}{n},\ \frac{1}{n+1},\ \cdots$$

$$1,\ 2,\ \frac{1}{3},\ \frac{1}{4},\ \cdots,\ \frac{1}{n},\ \frac{1}{n+1},\ \cdots$$

$$1,\ 1,\ 3^2,\ \frac{1}{4},\ \cdots,\ \frac{1}{n},\ \frac{1}{n+1},\ \cdots$$

$$1,\ 1,\ 1,\ 4^3,\ \cdots,\ \frac{1}{n},\ \frac{1}{n+1},\ \cdots$$

$$\vdots$$

$$1,\ 1,\ 1,\ 1,\ \cdots,\ n^{n-1},\ \frac{1}{n+1},\ \cdots$$

$$\vdots$$

这无穷个无穷小量的乘积（通项相乘）为

$$1,\ 1,\ 1,\ 1,\ \cdots,\ 1,\ 1,\ \cdots$$

通项不再是无穷小量。

这个反例说明了无限多个无穷小量的乘积不一定是无穷小量，进一步地，无限多个无穷小量的乘积还可能为无穷大，比有限多个无穷小量的运算复杂得多。

第 4 章　数学常数的独特魅力

数学常数如同自然界的密码，揭示了宇宙的奥秘。

——莱布尼茨

在数学的世界里有许多重要的常数，揭示了自然界法则与宇宙秩序。本章精选了三个最为神奇的数学常数——圆周率 π、自然常数 e 以及黄金分割比例，来展现数学之美。

第 1 节　迷人的圆周率

圆周率是圆的周长与直径的比值，是数学及物理学中普遍存在的重要常数，在几何、代数、分析、物理学、工程学等领域中均有广泛的应用。1600 年，英国数学家威廉·奥托兰特首次使用希腊语中“圆周”的首字母 π 来表示圆周率。1737 年，欧拉在其著作中也使用了 π，后来被其他数学家广泛接受并沿用至今，成为圆周率的国际标准符号（见图 4-1）。

自古以来，圆周率一直是数学领域的一大未解之谜，吸引了许多科学家、数学家和计算机高手探索其中。从利用简单的几何

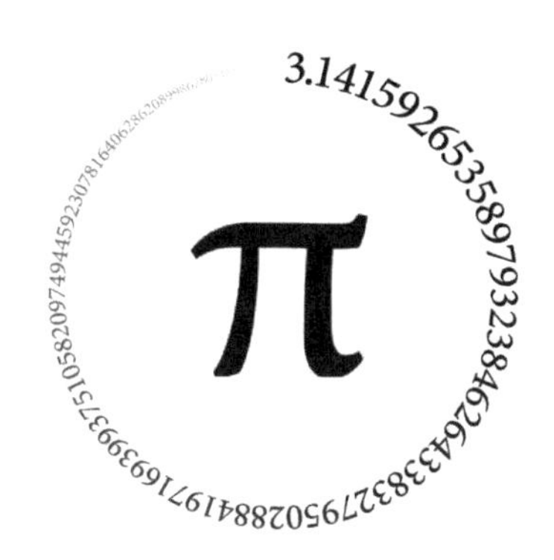

图 4-1　圆周率

工具到今天的超级计算机，科学家们一直在寻找更精确、更深入的圆周率值。圆周率的精确程度成为世界各国各个时代数学水平的量度标志。一位德国数学家评论道：“历史上一个国家所算得的圆周率的准确程度，可以作为衡量这个这国家当时数学发展水平的重要标志。”

圆周率的出现与车轮的发明密切相关。人类发明出车轮后，需要测量周长与直径的比值以确定规格。中国古代、古埃及、古代两河流域留下的古籍中，都分别独立地出现了圆周率的概念。早在 4 000 年前，古埃及和古巴比伦人已经知道用绳子测量圆的周长和直径，并发现它们之间的比例是恒定不变的，这个比例即为圆周率的原始概念。古巴比伦人使用近似值 3. 125 来计算圆周率，古埃及人则使用 3. 16 来计算圆周率。大约公元前 2 世纪，我国古算书《周髀算经》中有“径一而周三”的记载，意即取圆周率为 3。

公元前 3 世纪，古希腊数学家阿基米德开创了人类历史上计算圆周率近似值的先河。阿基米德从单位圆出发，先用圆内接正六边形求出圆周率的下界为3，再用圆外接正六边形并借助勾股定理求出圆周率的上界小于4。然后将正六边形的边数加倍，将它们分别变成圆内接正12边形和圆外接正12边形，再借助勾股定理改进圆周率的下界和上界。他逐步对内接正多边形和外接正多边形的边数加倍，直到内接正96边形和外接正96边形为止。最后，他求出圆周率的下界和上界分别为$\frac{223}{71}$和$\frac{22}{7}$，并取它们的平均值3.141 851为圆周率的近似值。阿基米德用到了迭代算法和两侧数值逼近的概念，可称得上是“计算数学”的鼻祖。

公元前150年左右，另一位古希腊数学家托勒密使用弦表法，即以1的圆心角所对弦长乘以360再除以圆的直径，得到了圆周率π的近似值3.141 6。

公元3世纪中期，我国魏晋时期的数学家刘徽以极限思想为指导，提出用“割圆术”来求圆周率，为圆周率的计算建立了严密的理论和完善的算法。他通过不断倍增圆内接正多边形的边数，用多边形的周长来逼近圆的周长，从而越来越精确地近似圆周率。刘徽对“割圆术”的描述是“割之弥细，所失弥少，割之又割，以至于不可割，则与圆合体，而无所失矣”，其思想与古希腊的穷竭法一致。刘徽与阿基米德的方法有所不同，他只取“内接”，不取“外切”。

刘徽把圆内接正多边形的周长一直计算到了正 3 072 边形，并由此求得圆周率为 3.141 5 和 3.141 6 这两个近似数值。这个结果是当时世界上圆周率计算最精确的数据，在世界数学史上称之为“徽率”。刘徽将他所创立的“割圆术”推广到有关圆形计算的各个方面，将汉代以来的数学发展向前推进了一大步。

南北朝时期，祖冲之在刘徽的基础上继续努力，将圆周率精确到了小数点后的第 7 位：

$$3.141\,592\,6<\pi<3.141\,592\,7$$

祖冲之还求得了圆周率的两个分数值，一个是“约率” $\frac{22}{7}$，另一个是“密率”：

$$\frac{355}{113}\approx 3.141\,592\,92$$

精确到小数点后第 6 位（称为“祖率”）。可惜，祖冲之的计算方法史书未见记载，至今是谜。

祖冲之的纪录保持了近千年，直到 15 世纪初才被阿拉伯数学家阿尔·卡西打破，他求得圆周率为

$$3.141\,592\,653\,589\,793\,25$$

有 16 位精确小数值。

德国人鲁道夫·科伊伦几乎耗尽了一生的时间，运用 1 800 年前阿基米德所使用的割圆法，计算到圆内接正 262 边形，于 1609 年得到了圆周率的 35 位精度值。他对自己的这个成就感到

非常自豪，把这个数刻在自己的墓碑上；直到今天，德国人还常常称这个 π 的 35 位近似值

3. 141 592 653 589 793 238 462 643 383 279 502 88

为“鲁道夫数”。

法国数学家韦达（1540—1603 年）开创了一个用无穷级数去计算 π 值的崭新方向。研究者开始利用无穷级数或无穷连乘积来计算 π，摆脱了割圆术的繁琐计算。无穷乘积式、无穷连分数、无穷级数等各种 π 值表达式纷纷出现，使得 π 值计算精度迅速提高。1706 年，英国数学家梅钦率先将 π 值突破百位。1948 年，英国的弗格森和美国的伦奇共同发表了 π 的 808 位小数值，成为人工计算圆周率值的最高纪录。

π 的连分数形式有多种，其中两种情形如下：

$$\pi=\cfrac{4}{1+\cfrac{1^2}{2+\cfrac{3^2}{2+\cfrac{5^2}{2+\cfrac{7^2}{2+\cfrac{9^2}{2+\ddots}}}}}}=3+\cfrac{1^2}{6+\cfrac{3^2}{6+\cfrac{5^2}{6+\cfrac{7^2}{6+\cfrac{9^2}{6+\cfrac{11^2}{6+\ddots}}}}}}$$

1761 年，德国数学家约翰·海因里希·兰伯特证明了圆周率 π 是一个无理数，即不可能用两个整数的比表示。

1882 年，费迪南德·林德曼证明了圆周率 π 是一个超越数（即不可能是一个整系数代数方程的根），圆周率的神秘面纱逐步被揭开。

20 世纪 50 年代以后，借助于电子计算机，圆周率 π 的计算出现了新的突破，π 值精确到几万位、几百万位、亿位。2019 年，前谷歌工程师爱玛在谷歌云平台的帮助下，计算到圆周率小数点后 31.4 万亿位。2021 年 8 月 17 日，美国趣味科学网站报道，瑞士研究人员使用一台超级计算机，历时 108 天，将 π 计算到小数点后 62.8 万亿位，创下迄今为止最精确值纪录。

如今，将 π 继续计算下去似乎没有什么实际意义。如果用 35 位精度的圆周率值来计算一个能把太阳系包起来的圆的周长，误差将小于质子直径的百万分之一。

但事实上并非如此，对于科学家来说，继续计算 π 十分重要。不同公式计算 π 的速度不尽相同，因此可以通过选择更快的计算公式来提高计算效率，这对数学研究和理论进展有着积极的影响。计算 π 可以有效地检验计算机性能，如果一台计算机能够在更短的时间内计算出比之前更精确的 π，就意味着它具有更优越的性能，这对科学领域的发展至关重要。在密码学中，圆周率被用作计算机的随机数生成器，并提供了加密算法的基本构架，这些算法可以保护个人隐私，保证数据的安全，而圆周率作为其中的重要参考值起到了关键作用。

2009 年，美国众议院正式决定将每年的 3 月 14 日设定为“圆周率日”，即“Pi Day”。通常在下午 1 时 59 分庆祝，以象征圆周率 π 的六位近似值 3.141 59。一些使用 24 小时制的人会改在凌晨 1 时 59 分或下午 3 时 9 分（15 时 9 分）庆祝。2011 年，国际数学协会也正式宣布将每年的 3 月 14 日设为“国际数学节”。

π 有很多迷人的事实，是迄今为止数学史上研究最多的数字。几个世纪以来，数学家们一直在努力精确地计算 π。人们试图从统计上获悉 π 的各位数字是否存在某种规律，科学家的探索也像 π 一样，永不循环，无止无休。

第 2 节　神奇的自然常数 e

自然常数 e 为自然对数函数的底数，也称为欧拉数。与 π 一样，它也是数学中最伟大的常数之一，其值约为 2.718 281 828 459 045，是一个无限不循环小数（即无理数），并且为一个超越数（见图 4-2）。自然常数 e 还有个较鲜见的名字——纳皮尔常数，以此纪念苏格兰数学家约翰·纳皮尔引进对数。与 π 和 $\sqrt{2}$ 等由几何发现的常数不同，e 是关于增长率和变化率的常数，它在描述人口增长、经济发展以及其他类型增长的过程中扮演着重要角色。

一、数学常数 e 的产生背景

e 的产生存在一个逐步发现和认识的过程。它的起源可以追溯到 17 世纪初期，最初是在研究对数函数和复利计算

图 4-2　自然常数 e

的过程中被发现的。

在 16 世纪末到 17 世纪初，随着天文学和航海等领域的发展，数学家们需要处理大量的复杂计算。为了简化这些计算，苏格兰数学家约翰·纳皮尔在 1614 年发明了一种新的数学工具——对数，它可以将乘法转化为加法，将除法转化为减法，极大地简化了计算过程。纳皮尔在研究中使用了一个接近 e 的数值作为对数的底数，尽管他并没有直接给出 e 的定义或名称，但他所使用的对数底数已经接近 e 的值，这为 e 的后续研究奠定了基础。

1683 年，瑞士数学家雅各布·伯努利在研究复利问题时发现了一个有趣的现象。在复利这种计息方式下某一计息周期的利息是由本金加上先前周期所积累利息的总额，即把上期末的本利和作为下一期的本金，也即通常所说的“利生利”“利滚利”。伯努利通过计算发现，随着利息的结算周期无限缩短，最终的本利和会逐渐增加，并趋向于一个特定的常数。

假设你有本金，设为 1，存入银行，年利率为 $r = 100\%$。

如果一年只计算一次利息，你的本利和将翻倍，为

$$1 + 1 = 2$$

如果每半年计算一次利息，利率为 $\frac{r}{2} = \frac{1}{2} = 50\%$，则一年后的本利和为

$$\left(1 + \frac{1}{2}\right)^2 = 2.25$$

如果每季度计算一次利息，利率为 $\frac{r}{4} = \frac{1}{4} = 25\%$，则一年后的本利和为

$$\left(1 + \frac{1}{4}\right)^4 \approx 2.4414$$

如果每月计算一次利息，利率为 $\frac{r}{12} = \frac{1}{12}$，则一年后的本利和为

$$\left(1 + \frac{1}{12}\right)^{12} \approx 2.613$$

如果你想最大化你的收益，就要选择更频繁地计算利息。如果每年计算 n 次利息，利率为 $\frac{r}{n} = \frac{1}{n}$，则一年后的本利和为

$$\left(1 + \frac{1}{n}\right)^n$$

随着计算频率的增加，本利和不断增加，将逐渐趋近于一个常数，这个常数即为我们现在所说的 e。

伯努利的这一发现揭示了 e 与复利计算之间的紧密联系，为 e 的后续研究提供了重要的线索。

虽然 e 的概念在 17 世纪初期就已经被数学家们所发现，但它并没有立即得到广泛的认可和应用。直到 18 世纪，瑞士数学家欧拉开始使用字母 e 来表示这个常数，并给它赋予了正式的定义，其中一个定义为

$$\mathrm{e}=\lim_{n\to\infty}\left(1+\frac{1}{n}\right)^{n}$$

它也为自然对数的底数。从此，e 成为数学中的一个重要常数。e 具有许多独特的性质，如 e 的指数函数是其自身的导数，e 的幂级数展开式具有优美的形式等。可以证明，e 是一个无理数，其值约为 2. 718 28。

以上定义揭示了 e 与指数函数、极限之间的紧密联系，使得 e 在很多领域发挥着重要作用。无论是复利计算、自然对数、指数函数，还是美妙的欧拉公式，e 都展示了其无穷的魅力和深远的影响。

二、自然常数 e 的应用

经过科学家们的不断探索和发现，e 在数学、物理学、经济学等多个领域中都有广泛的应用，自然界中的很多现象可以通过

指数函数和 e 来刻画，e 逐渐成为数学和物理学等领域中一个重要的常数。下面我们简单介绍几个常用模型。

（一）生物增长：细菌的繁殖

假设在理想条件下一个细菌每小时分裂一次，变成两个细菌。最初有 1 个细菌，一个小时后变成 4 个细菌，再过一个小时后变成 4 个细菌，依此类推。

设 $N(t)$ 表示时刻 t 时的细菌数量，如果每小时细菌数量翻倍，我们可以用以下公式表示：

$$N(t) = N(0) \cdot 2^t$$

其中，$N(0)$ 为初始细菌数量。

这个公式显示了细菌数量随着时间呈指数增长，细菌的增长过程可以用指数函数来描述。

（二）放射性衰变：原子的不稳定性

放射性物质随着时间衰变，其数量减少的过程也是指数函数的一个应用。设 $N(t)$ 表示时间 t 时刻剩余的放射性原子数量，衰变过程可用以下公式表示：

$$N(t) = N(0) \cdot e^{-\lambda t}$$

其中，$N(0)$ 是初始数量，λ 是衰变常数。

这个公式描述了放射性物质如何以指数速率衰减。

（三）化学反应：反应速率

化学反应的速率也可以用指数函数来描述。例如，某些反应的速率与反应物浓度呈指数关系。一个经典的模型是一级反应，其反应速率与反应物浓度成正比：

$$\frac{\mathrm{d}A}{\mathrm{d}t} = -kA$$

通过积分，我们得到反应物浓度随时间变化的指数公式：

$$A(t) = A(0) \cdot \mathrm{e}^{-kt}$$

其中 $A(0)$ 是初始浓度，k 是反应速率常数。

（四）金融：复利计算

复利计算也是一个自然界的模型，在金融领域中发挥着重要作用。假设有初始本金 A 存入银行，年利率为 r，按连续复利计息（即计息期数无限增加），则 1 年后本利和为

$$\lim_{n\to\infty} A\left(1+\frac{r}{n}\right)^{\mathrm{n}} = A\mathrm{e}^{r}$$

t 年后本利和为

$$\lim_{n\to\infty} A\left(1+\frac{r}{n}\right)^{\mathrm{nt}} = A\mathrm{e}^{rt}$$

（五）热传导：温度变化

在物理学中，热传导也可以通过指数函数来描述。假设一个

物体在环境温度下冷却或加热，其温度变化可以用牛顿冷却定律表示：

$$T(t)=T_{env}+(T_0-T_{env})\cdot e^{-kt}$$

其中，$T(t)$ 是 t 时刻的温度，T_{env} 是环境温度，T_0 是初始温度，k 是冷却常数。

从细菌的繁殖到放射性衰变、化学反应、复利计算、热传导等很多模型，指数函数和常数 e 在描述自然界的各种现象中均扮演着重要角色，帮助我们理解这些复杂过程的本质，更好地探索和理解自然界。

三、美丽的欧拉公式

在复变函数中，欧拉公式

$$e^{i\theta}=\cos\theta+i\sin\theta$$

将三角函数的定义域扩大到了复数域，并建立了三角函数和指数函数的关系，在复变函数论中占有极其重要的地位。

欧拉公式是由欧拉在 18 世纪创造的，是数学界最著名、最美丽、最浪漫的公式之一。它将数学中的几个核心元素以一种简洁而深刻的方式联系在一起，不仅连接了数学中的几个基本常数，还蕴含着深刻的哲学意义。欧拉公式在数学和物理学等领域中有广泛的应用。

若在以上公式中令 $\theta=\pi$，则可得恒等式

$$e^{i\pi}+1=0$$

这个恒等式也称为欧拉公式或欧拉恒等式，它将数学中 5 个最重要的常数联系在一起，其中有两个超越数（自然常数 e 和圆周率 π），两个单位（虚数单位 i 和自然数的单位 1），以及被称为人类伟大发现之一的 0，蕴含着数学的“统一美”。欧拉公式是数学中最令人着迷的一个公式，数学家们称其为“上帝创造的公式”。

第 3 节　斐波那契数列与黄金分割比例

斐波那契数列（Fibonacci Sequence）又称为黄金分割数列，是由意大利数学家莱昂纳多·斐波那契在 1202 年的著作《算盘书》中研究兔子繁殖的数目增长规律时发现的，故又称为“兔子数列”。

斐波那契数列的引入基于一个理想化的兔子繁殖问题（见图 4-3）：

假设每对兔子在出生两个月以后的每个月都会生出一对新的兔子，兔子永远不死，请问从一对兔子开始，一年后共有多少对兔子？

假设开始时有一对刚出生的兔子，即 $F(1)=1$。

第 2 个月，这对兔子没有生育能力，所以还是共有 1 对兔子，即 $F(2)=1$。

第 3 个月，这对兔子开始生育，所以此时共有 1 对成年兔子和 1 对新生的兔子，总共 2 对，即 $F(3)=2$。

第 4 个月，第一对兔子再次生育，而第 3 个月出生的兔子还没有生育能力，总共 3 对，即 $F(4)=3$。

依此类推，每个月的兔子总数生成以下数列

1，1，2，3，5，8，13，21，34，55，89，144，233，377，610，987，1 597，2 584，4 181，6 765，10 946，17 711，28 657，46 368，…

这个数列称为斐波那契数列［补充 $F(0)=0$］，每项对应的数被称为“斐波那契数”。其特点是，从第三项起，后面的每一项都是前面两项之和。

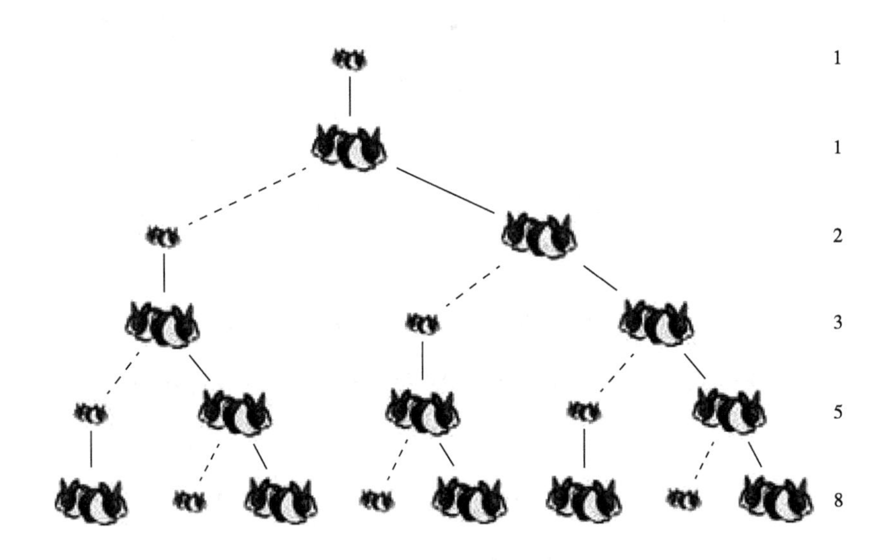

图 4-3　兔子繁殖问题

到第 n 个月，能产小兔的兔对数为 $F(n-2)$，从而第 n 季度的兔对总数 $F(n)$ 应等于第 $n-1$ 季度兔对的总数 $F(n-1)$ 加上新产下的小兔对数 $F(n-2)$，即

$$F(n)=F(n-1)+F(n-2)$$

一般地，在数学上斐波那契数列用以下递推的形式进行定义：

$$F(0)=0,\ F(1)=1,$$

$$F(n)=F(n-1)+F(n-2)(n\geqslant 2,\ n\in N^{*})$$

我们可以利用特征方程进行求解，得到斐波那契数列的通项为

$$F(n)=\frac{\sqrt{5}}{5}\left[\left(\frac{1+\sqrt{5}}{2}\right)^{n}-\left(\frac{1-\sqrt{5}}{2}\right)^{n}\right]$$

又称为“比内公式”，是用无理数表示有理数的一个范例，且由上式得到的值必为正整数。

有意思的是，斐波那契数列前一项与后一项的比值组成的数列竟然存在极限，而且这个极限值恰好就是美学中非常重要的黄金分割比。只是，直到 4 个世纪以后的 1611 年，这个极限值才由德国天文学家、数学家开普勒发现。他猜测这个极限就是古希腊毕达哥拉斯学派定义的黄金分割比。至于这个极限值的证明，直到 19 世纪才由法国数学家比内给出。

斐波那契数列有很多有趣的性质，其中之一是它前后相邻两项的比值逐渐近似于黄金分割比例：

$$\lim_{n\to\infty}\frac{F(n)}{F(n+1)}=\lim_{n\to\infty}\frac{\left(\frac{1+\sqrt{5}}{2}\right)^{n}-\left(\frac{1-\sqrt{5}}{2}\right)^{n}}{\left(\frac{1+\sqrt{5}}{2}\right)^{n+1}-\left(\frac{1-\sqrt{5}}{2}\right)^{n+1}}=\frac{\sqrt{5}-1}{2}\approx 0.618$$

这个比例 0.618 被公认为是最能引起美感的比例，因此被称为黄金分割比例。

由此我们可以得出结论：在不考虑兔子死亡的前提下，经过较长一段时间，兔群月增长率将趋于

$$\lim_{n\to\infty}\frac{F(n+1)}{F(n)}-1=\frac{1+\sqrt{5}}{2}-1=\frac{\sqrt{5}-1}{2}\approx 0.618$$

即趋近于著名的黄金分割比例（见图 4-4）。

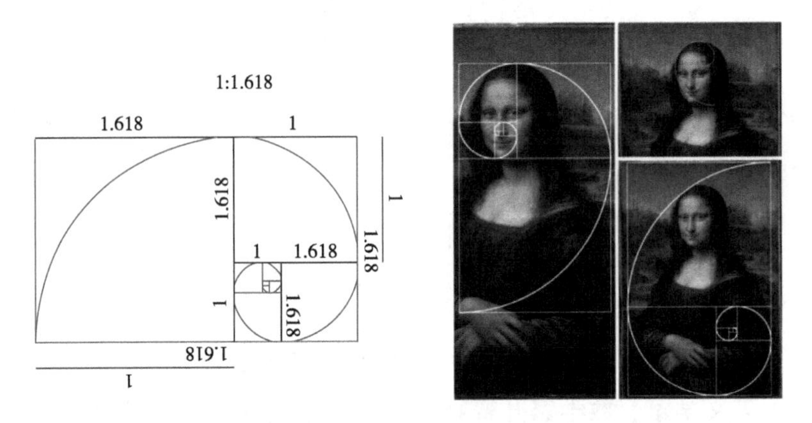

图 4-4　黄金分割比例

令人惊奇的是，斐波那契数列在自然界中无处不在，从植物的叶序、螺旋壳的形状以及花朵的排列方式、动物的繁殖模式，到银河系的旋臂结构，都能找到它的身影。以植物界为例，许多

花朵的花瓣个数恰好是斐波那契数，例如，梅花有 5 瓣、飞燕草有 8 瓣、万寿菊有 13 瓣、紫苑有 21 瓣，而雏菊有 34 瓣、55 瓣或 89 瓣（见图 4-5）。

图 4-5　自然界中的斐波那契数列

斐波那契数列是一个神秘而美丽的数学序列，仿佛是大自然和宇宙间隐藏的密码，被称为“大自然的密码”和“大自然的普遍法则”。它不仅在数学领域中占有一席之地，更在艺术、生物学、建筑学、计算机科学等各领域展现出独特的魅力。

1963 年，世界各国一群热衷研究“兔子问题”的数学家成立了国际性的斐波那契协会，并着手在美国出版《斐波那契数列季刊》，专门刊登与斐波那契数列有关的数学论文。同时，两年一度的斐波那契数列及其应用国际会议在世界各地轮流举办。这在世界数学史上也可谓一个奇迹或神话了，堪称“神性的兔子”。

第5章　零点存在定理的妙用

在数学的领域中，提出问题的艺术比解答问题的艺术更为重要。

——康托尔

零点存在定理是数学中一个非常有趣且重要的定理，刻画了连续函数的介值性，也被称为根的存在性定理，是数学中存在性证明的强有力工具之一。

零点存在定理：

若函数 $f(x)$ 在闭区间 $[a, b]$ 上连续，且

$$f(a)f(b) < 0\ [\text{即} f(a) \text{与} f(b) \text{异号}]$$

则在开区间 (a, b) 内至少存在函数 $f(x)$ 的一个零点，即至少存在一点 $\xi \in (a, b)$，使得 $f(\xi) = 0$。

零点存在定理揭示了函数在闭区间上连续与在开区间内存在零点之间的必然联系，它保证了零点的存在性，但不保证零点的唯一性。

本章选取放椅子问题、拉橡皮筋问题、登山问题、切蛋糕问题、布劳威尔不动点定理、地球上气候相同的两点的存在性问题

等有趣的实例来展示零点存在定理在实际生活中的妙用，以此展现数学的应用之美。

第1节　放椅子问题

考虑一个日常生活中有趣的问题：

椅子能在不平的地面上放稳吗？

我们进行建模分析，先考虑椅子四脚连线呈正方形的简单情形。假设：

（1）椅子四条腿一样长，椅脚与地面为点接触，四脚连线呈正方形；

（2）地面的高度连续变化，可视为数学上的连续曲面；

（3）地面相对平坦，使椅子在任意位置至少三只脚可以同时着地。

分析椅子能否在不平的地面上放稳，即椅子能否四脚着地。

不妨设 A，B，C 三条腿着地，D 不着地。以矩形中心为原点，以对角线 AC 所在直线为横轴，建立平面直角坐标系，如图 5-1 所示。

绕坐标原点转动椅子，用旋转角 θ（对角线 AC 与 x 轴正向的夹角）来表示椅子的位置，用椅子腿与地面的距离来表示椅子腿

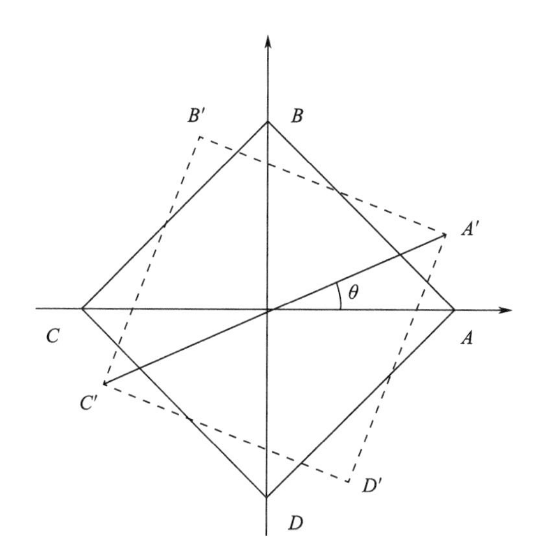

图 5-1　正方形椅子的旋转示意图

着地与否。椅子腿与地面距离为转角 θ 的函数。

设 A，C 两腿与地面距离之和为 $f(\theta)$，B，D 两腿与地面距离之和为 $g(\theta)$。

由于地面高度连续变化，当 θ 有微小变化时，$f(\theta)$ 与 $g(\theta)$ 的变化也很微小，故 $f(\theta)$，$g(\theta)$ 为转角 θ 的连续函数。

由于三条椅子腿同时着地总是可以的，所以对任何 θ，均有 $f(\theta)$ 与 $g(\theta)$ 至少一个为 0，即

$$f(\theta)g(\theta)=0$$

问题转化为：是否存在 $\theta_0\in[0,\pi]$，使得

$$f(\theta_0)=g(\theta_0)=0$$

构造辅助函数 $h(\theta)=f(\theta)-g(\theta)$，则 $h(\theta)$ 在 $[0,\pi]$ 上连

续。只需证：是否存在 $\theta_0 \in [0, \pi]$，使得

$$h(\theta_0) = 0$$

当 $\theta = 0$ 时，由假设 A，B，C 三条腿同时着地，D 不着地，故 $f(0) = 0$，$g(0) > 0$，此时 $h(0) < 0$。

当 $\theta = \frac{\pi}{2}$ 时，即将椅子逆时针转角度 $\frac{\pi}{2}$，A，C 处于原来 B，D 的位置，故

$$f\left(\frac{\pi}{2}\right) > 0,\ g\left(\frac{\pi}{2}\right) = 0$$

此时

$$h\left(\frac{\pi}{2}\right) > 0$$

再由 $h(\theta)$ 在 $\left[0, \frac{\pi}{2}\right]$ 上连续，利用零点存在定理可得，存在 $\theta_0 \in \left(0, \frac{\pi}{2}\right)$，使得

$$h(\theta_0) = 0$$

即

$$f(\theta_0) = g(\theta_0)$$

又因为 $f(\theta)$ 与 $g(\theta)$ 至少一个为 0，所以

$$f(\theta_0) = g(\theta_0)$$

即证明了椅子能在不平的地面上放稳。

大家可以进一步思考：四脚连线呈长方形的椅子能否在不平的地面上放稳？

我们只要注意证明中的关键一步是需要旋转椅子，使得对角线 BD 与对角线 AC 重合，从而找到使得 $h(\theta) > 0$ 的 $\theta = \alpha$ 即可。

当将椅子沿中心逆时针旋转角度 $\alpha = \angle BOC$，使得对角线 BD 旋转到 AC 的位置，即 $\theta = \alpha$ 时，$g(\alpha) = 0$。

若 $f(\alpha) = 0$，则此位置处椅子可放平。

若 $f(\alpha) > 0$，此时 $h(\alpha) > 0$。

同上，$h(0) < 0$。

对 $h(\theta) = 0$，在 $[0, \alpha]$ 上应用零点存在定理即可得证（见图 5-2）。

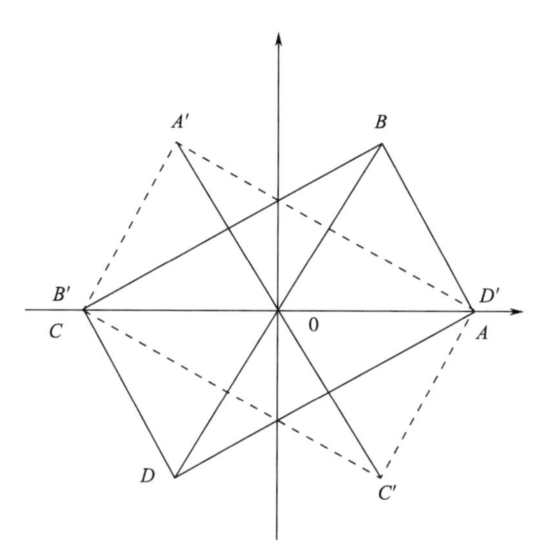

图 5-2　长方形椅子的旋转示意图

第 2 节 拉橡皮筋问题

拉一根橡皮筋，一头朝左拉，同时另一头朝右拉。在橡皮筋不拉断的情况下，橡皮筋上能否找到一点，在它原来的位置上不动？

答案是肯定的。这个问题即著名的拉橡皮筋问题，在橡皮筋不拉断的情况下，橡皮筋上至少有一点在它原来的位置上不动。

我们将这个问题转化为数学问题进行证明。

假设橡皮筋从区间 $[a, b]$ 拉伸至区间 $[f(a), f(b)]$，其中 $f(x)$ 是描述橡皮筋拉伸后位置的函数（见图 5-3）。由于橡皮筋不拉断，因此 $f(x)$ 是闭区间 $[a, b]$ 上的连续函数，并且满足 $f(a) < a$ 和 $f(b) > b$。只需证明：至少存在一点 $\xi \in (a, b)$，使得 $f(\xi) = \xi$。

图 5-3 拉橡皮筋问题

构造辅助函数 $F(x) = f(x) - x$，则 $f(x)$ 在 $[a, b]$ 上连续，并且

$$F(a) = f(a) - a < 0$$

$$F(b)=f(b)-b>0$$

由零点存在定理得，至少存在一点 $\xi\in(a,\ b)$，使得 $F(\xi)=0$，即 $f(\xi)=\xi$。这就证明了在橡皮筋拉伸的过程中，确实存在一点在其原来的位置上不动。

第 3 节　登山问题

某人上午 8 点从山脚出发，沿山路步行上山，他不是匀速前进的，而是有时慢、有时快，有时甚至会停下来，晚上 8 点到达山顶。第二天，他上午 8 点从山顶出发，沿着原路下山，途中也是时快时慢的，最终在晚上 8 点到达山脚。

试证：此人一定在这两天的某个相同的时刻经过了山路上的同一个点。

我们也可以把这个人两天的行程重叠到一天去，想象有一个人从山脚走到了山顶，同一天还有另一个人从山顶走到了山脚。这两个人一定会在途中的某个地点相遇。相遇的时间和地点就说明，这个人在两天的同一时刻都经过了同一点。

我们可以用零点定理来证明该点的存在性。

假设从山脚到山顶的这条山路共长 L。$f(t)$ 表示第一天此人出发 t 小时走过的路程，$g(t)$ 表示第二天此人出发 t 小时走过的路程，则 $f(t)$ 和 $g(t)$ 在 $[0,\ 12]$ 上连续，且

$$f(0)=0,\ f(12)=L,\ g(0)=0,\ g(12)=L$$

只需证明：至少存在一点 $\xi \in (0, 12)$，使得

$$f(\xi)+g(\xi)=L$$

构造辅助函数

$$F(x)=f(x)+g(x)-L$$

则 $F(x)$ 在 $[0, 12]$ 上连续，且

$$F(0)=f(0)+g(0)-L=-L<0$$

$$F(12)=f(12)+g(12)-L=L>0$$

由零点存在定理得，存在 $\xi \in (0, 12)$，使得 $F(\xi)=0$，即

$$f(\xi)+g(\xi)=L$$

第4节　切蛋糕问题

对于任意形状的蛋糕，均可以一刀切下去将体积平分为两半吗?

切蛋糕问题是一个经典的数学问题。给定一个任意形状的蛋糕，总可以一刀将其体积平分为两半。

想象切割刀沿着选定的方向从蛋糕的一侧移动到另一侧。在移动的过程中，被切割开的两部分蛋糕的体积之和始终等于整个蛋糕的体积，而每一部分的体积则随着切割位置的变化而连续变化。如果我们从一侧开始切割，并逐渐向另一侧移动，那么一侧

的体积会逐渐减少，而另一侧的体积会逐渐增加。由于开始时一侧的体积为 0，结束时为整个蛋糕的体积，而体积变化是连续的，所以中间必然有一个点使得两侧体积相等。根据连续函数的介值定理，必然存在一个位置，使得切割后两部分的体积相等。也可以将两侧蛋糕的体积差设为辅助函数，对其用零点存在定理进行证明。

比切蛋糕更复杂也更有意思的是著名的火腿三明治定理，它是 1942 年由数学家亚瑟·斯通和约翰·图基给出证明的。

火腿三明治定理：

任意给定一个火腿三明治，总有一刀能把它切开，使得火腿、奶酪和面包片恰好都被分成两等份。

以上定理中对火腿、奶酪和面包片的位置没有要求，可以随意移动位置，无论三明治中的每个单独物体在什么位置，无论紧挨着彼此还是分别位于宇宙的两端，都可以一刀（或用一个平面）将它们一次性完美地切为两等份。

火腿三明治定理可以扩展到 n 维的情况。

如果在 n 维欧氏空间中有 n 个可测量物体，那么总存在一个 $n-1$ 维超平面将每个物体都分成“体积”相等的两份。这些物体可以是任何形状的，也可以是不连通的（如面包片），甚至可以是一些奇形怪状的可测点集。这里的“体积”是一个广义的概念，在 n 维空间中，它对应 n 维体积或测度。

第5节 布劳威尔不动点定理

布劳威尔不动点定理是一个十分重要的不动点定理，它可以应用到有限维空间，是构成一般不动点定理的基石，1912 年由荷兰数学家鲁伊兹・布劳威尔证明。它不仅在拓扑和微分方程等数学领域有深远影响，而且在博弈论和一般均衡理论等经济学领域有重要应用。

布劳威尔不动点定理最简单的一个特例是在一维单位区间上的例子，下面我们利用零点存在定理进行证明。

一、[0, 1] 上的布劳威尔不动点定理

若 f：$[0, 1]\to[0, 1]$ 为连续函数，则存在不动点 $x\in[0, 1]$，使得 $f(x)=x$。

证明：构造辅助函数

$$F(x)=f(x)-x$$

则 $F(x)$ 在 $[0, 1]$ 上连续，并且

$$F(0)=f(0)-0\geqslant 0$$

$$F(1)=f(1)-1\leqslant 0$$

若 $F(0)=0$ 或 $F(1)=0$，则 $x=0$ 或 $x=1$ 即为所求不

动点。

若 $F(0) > 0$ 且 $F(1) < 0$，则由零点存在定理可得存在 $x \in [0, 1]$，使得 $F(x) = 0$，即 $f(x) = x$。

布劳威尔不动点定理可以推广到二维单位圆盘或更高维的单位球的情形。

二、二维单位圆盘上的布劳威尔不动点定理

若 f：$D^2 \to D^2$ 为连续函数，其中 $D^2 = \{x \in R^2 \mid \|x\| \leqslant 1\}$，则存在不动点 $x \in D^2$，使得 $f(x) = x$。

形象地说，若让一个圆盘里的所有点做连续运动，那么总有一点恰好回到运动之前的位置。

三、高维单位球上的布劳威尔不动点定理

若 f：$D^n \to D^n$ 为连续函数，其中 $D^n = \{x \in R^n \mid \|x\| \leqslant 1\}$，则存在不动点 $x \in D^n$，使得 $f(x) = x$。

以上定理中的单位球可以推广到 R^n 中的紧凸集，即为一般情形下的布劳威尔不动点定理。

四、紧集上的布劳威尔不动点定理

若 $K \subset R^n$ 为紧凸集，且 f：$K \to K$ 为连续函数，那么存在不动点 $x \in K$，使得 $f(x) = x$。

利用三维空间中的布劳威尔不动点定理，我们可以得到很多

有趣的结论，如咖啡杯里的不动点问题：当你搅拌完咖啡后，一定能在咖啡中找到一个点，它在搅拌前后的位置相同（虽然这个点在搅拌过程中可能到过别的地方）。

第6节　地球上气候相同的两点的存在性问题

考虑以下有趣的问题：

在任意一个时刻，地球的赤道上是否总存在气温相等的两个点？

在任意一个时刻，地球上是否总存在气温和大气压均相等的两个点？

波兰数学家乌拉姆曾经猜想，任意给定一个从 n 维球面到 n 维空间的连续函数，总能在球面上找到两个与球心相对称的点，它们的函数值是相同的。1933 年，波兰数学家博苏克证明了这个猜想，被称为博苏克-乌拉姆定理。

当 $n=1$ 时，博苏克-乌拉姆定理可以形象表述为：在任一时刻，地球的赤道上总存在气温相等的两个点。

当 $n=2$ 时，博苏克-乌拉姆定理可以形象表述为：假设地球表面各地的气温差和大气压差是连续变化的，则在地球上总存在关于球心对称的两点，它们的气温和大气压的值恰好都相同。

下面我们应用零点存在定理证明 $n=1$ 的情形。

证明：任取赤道上关于球心对称的两个点 A 和 A'。

若 A 和 A' 的气温相同，即证。

若 A 和 A' 的气温 $T(A)$ 与 $T(A)$ 不同，不妨设

$$T(A) < T(A')$$

构造辅助函数

$$F(x) = T(x) - T(x')$$

其中，x 和 x' 为赤道上关于球心对称的两个点，则 $F(x)$ 在赤道上连续，并且

$$F(A) = T(A) - T(A') < 0$$

$$F(A') = T(A') - T(A) > 0$$

由零点存在定理得，至少存在赤道上的一点 ξ，使得

$$F(\xi) = T(\xi) - T(\xi') = 0$$

即赤道上总存在温度相等的两个点 ξ 与 ξ'。

证毕。

我们也可以用以下直观形象的方法进行证明。

假设赤道上有 A、B 两个人，他们站在关于球心对称的位置上。

如果此时他们所在地方的温度相同，则结论显然成立。

如果此时他们所在地方的温度不同，不妨假设 A 所在的地方是 10 ℃，B 所在的地方是 20 ℃。现在，两人以相同的速度大小、相同的方向（顺时针或逆时针），沿着赤道旅行，其中两人始终

保持在对称的位置上。

假设在此过程中，各地的温度均保持不变。旅行过程中，两人不断报出自己当地的温度。等到两人都环行赤道半周后，A 就到了原来 B 的位置，B 也到了 A 刚开始时的位置。在整个旅行过程中，A 所报的温度从 10 ℃开始连续变化（有可能上下波动甚至超出 10 ℃到 20 ℃的范围），最终变成了 20 ℃；而 B 经历的温度则从 20 ℃开始最终连续变化到了 10 ℃。那么，他们所报的温度值在中间一定有“相交”的一刻，这样一来我们也就找到了赤道上两个温度相等的对称点。

对于 $n = 2$ 的情形，我们可以把气温值和大气压值的可能组合看作平面直角坐标系中的点，从而地球表面各点的气温和大气压变化情况就可以看作二维球面（即到三维空间中某个中心点的距离都相等的所有点的集合）到二维平面的函数。由博苏克-乌拉姆定理即可推出，一定存在两个函数值相等的对称点。

第 6 章　有趣的反例函数

一个好的反例可以比一千个证明更有价值。

——伯特兰·罗素

反例在验证理论或假设中有重要作用，一个有力的反例往往能够比大量的正面证据更有效地揭示问题的本质或证明某个假设的不成立。在数学分析中，有很多著名的反例函数，或让人觉得诡异，或违背直觉，或让数学界陷入恐慌。

本章选取了三个著名的数学反例函数——狄利克雷函数、黎曼函数、魏尔斯特拉斯函数，它们在数学分析、实变函数论等领域中具有重要的理论意义和应用价值。

第 1 节　狄利克雷函数

存在处处不连续的函数吗？

狄利克雷函数，最初由德国数学家约翰·彼得·古斯塔夫·勒热纳·狄利克雷于 19 世纪提出，函数形式为

$$D(x)=\begin{cases}1, & \text{当 } x \text{ 是有理数}\\ 0, & \text{当 } x \text{ 是无理数}\end{cases}$$

狄利克雷函数是一个定义在实数范围上、处处不连续的函数。它有以下几个主要特性，特性的证明留给读者。

一、有界性

狄利克雷函数在定义域 R 上有界。

二、奇偶性

狄利克雷函数为偶函数。

三、周期性

狄利克雷函数是周期函数，但是没有最小正周期，任意正有理数均为它的周期。

四、连续性与可导性

狄利克雷函数在任意点极限均不存在，从而处处不连续，也处处不可导。

五、可积性

狄利克雷函数不可黎曼积分。

六、图像特征

由于狄利克雷函数在任意点处均不连续，而且有理数具有稠密性，因此狄利克雷函数的图像无法准确画出。示意图如图 6-1 所示，图像关于 y 轴对称。

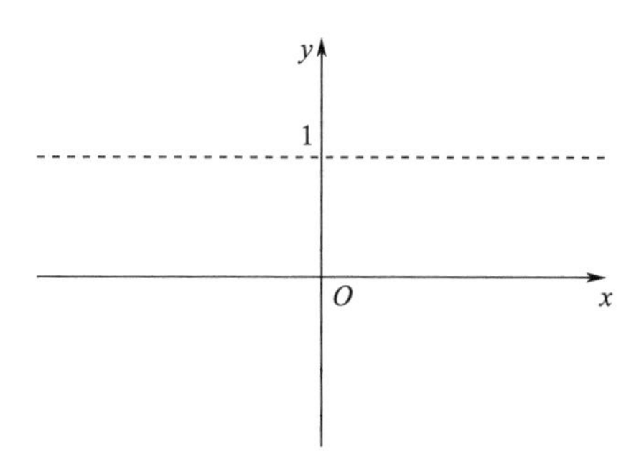

图 6-1　狄利克雷函数

狄利克雷函数挑战了传统的函数，使函数概念从解析式、几何直观和客观世界的束缚中解放了出来。这种对函数概念的拓展和深化，有助于培养学生的数学思维和创新能力。

第 2 节　黎曼函数

存在有无穷个连续点但处处不可导的函数吗？

黎曼函数是由德国数学家波恩哈德·黎曼发现并提出的一

个具有独特性质的数学函数，定义在［0，1］上的黎曼函数如下：

$$R(x)=\begin{cases}\frac{1}{q}，当 x=\frac{p}{q}\left(p，q 为正整数，\frac{p}{q} 为既约真分数\right)\\ 0，当 x=0，1 及(0，1) 内的无理数\end{cases}$$

一、有界性

黎曼函数在定义域［0，1］上有界。

二、连续性

黎曼函数在（0，1）区间内的所有无理点处均连续，在所有有理点处均不连续。

三、可导性

黎曼函数在［0，1］上处处不可导。

四、可积性

由于黎曼函数的不连续点的集合是可数的，其测度为0，因此黎曼函数在［0，1］区间上是黎曼可积的，且积分为0。

五、图像特征

黎曼函数的图像在有理数点上呈现为一系列离散的点，

而在无理数点上则是一条水平的直线，非连续曲线。这是因为函数值在有理点处不为 0，但在任意小的区间内都包含着无数个这样的点，而在无理点处函数值为 0。示意图如图 6-2 所示。

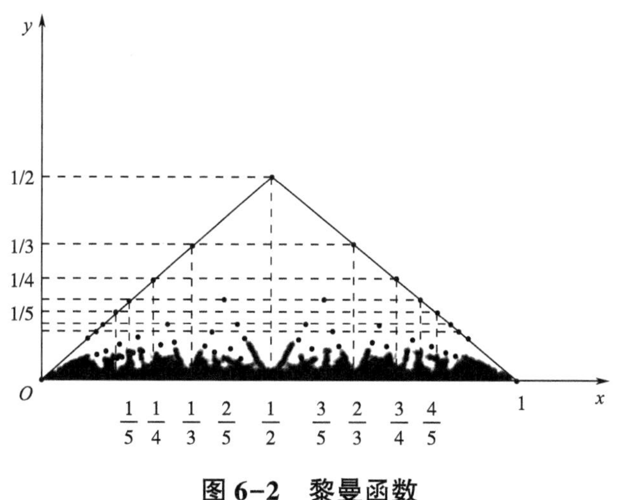

图 6-2　黎曼函数

黎曼函数是一个具有独特性质和广泛应用价值的函数，在数学分析中常作为反例来验证某些函数方面的待证命题。它在数学分析、实数理论等领域中发挥着重要作用。

第 3 节　魏尔斯特拉斯函数

存在处处连续但处处不可导的函数吗？

在19世纪，数学家们普遍认为除少数特殊点以外，连续函数在每一点处均可导。然而，德国数学家魏尔斯特拉斯构造了一个特殊的函数（后被称为魏尔斯特拉斯函数），挑战了这一观念，证明了存在处处连续但处处不可导的函数。这种"病态"函数的存在改变了当时数学家对连续函数的认识，对数学界产生了深远的影响，推动了数学家们对连续函数可导性条件的进一步探讨和研究。

在魏尔斯特拉斯的原始文献中，魏尔斯特拉斯函数定义为一个傅里叶级数

$$W(x)=\sum_{n=0}^{\infty}a^{n}\cos\left(b^{n}\pi x\right)$$

其中，$0<a<1$，b为正奇数，使得$ab>1+\frac{3}{2}\pi$。满足这个限制条件的b的最小值是7。

1872年6月18日，魏尔斯特拉斯在普鲁士科学院提交的一篇论文中，首次给出了这个函数的构造以及它处处连续而又处处不可导的证明。

一、魏尔斯特拉斯函数的连续性

由于该函数项级数$\sum_{n=0}^{\infty}a^{n}\cos\left(b^{n}\pi x\right)$的通项满足

$$\left|a^{n}\cos\left(b^{n}\pi x\right)\right|\leqslant a^{n}$$

并且正项级数$W(x)=\sum_{n=0}^{\infty}a^{n}$收敛，因此由魏尔斯特拉斯判别法可

得，该函数项级数在实数集 R 上一致收敛。

又由于该函数项级数的每一项均在 R 上连续，所以该级数的和函数 $W(x)$ 也在 R 上连续。而且由于每一项均在 R 上一致连续，所以 $W(x)$ 也在 R 上一致连续。

二、魏尔斯特拉斯函数的可导性

对任意点 $x \in R$，都能找出趋于 x 的两个不同的数列 $\{x_n\}$ 和 $\{x'_n\}$，使得

$$\varliminf_{n\to\infty}\frac{W(x_n)-W(x)}{x_n-x} > \varlimsup_{n\to\infty}\frac{W(x'_n)-W(x)}{x'_n-x}$$

故函数 $W(x)$ 在 x 处不可导，从而在 R 上处处不可导。

在实分析中，凡具有和魏尔斯特拉斯函数的原始定义相似的构造与性质的函数均可称为魏尔斯特拉斯函数。

魏尔斯特拉斯函数可以说是第一个分形函数，尽管这个名词当时还不存在。将魏尔斯特拉斯函数在任一点放大，所得到的局部图都与整体图形相似（见图 6-3）。无论如何放大，函数图像都不会显得更加平滑，不像可导函数那样越来越接近直线；仍然具有无限的细节，不存在单调的区间。

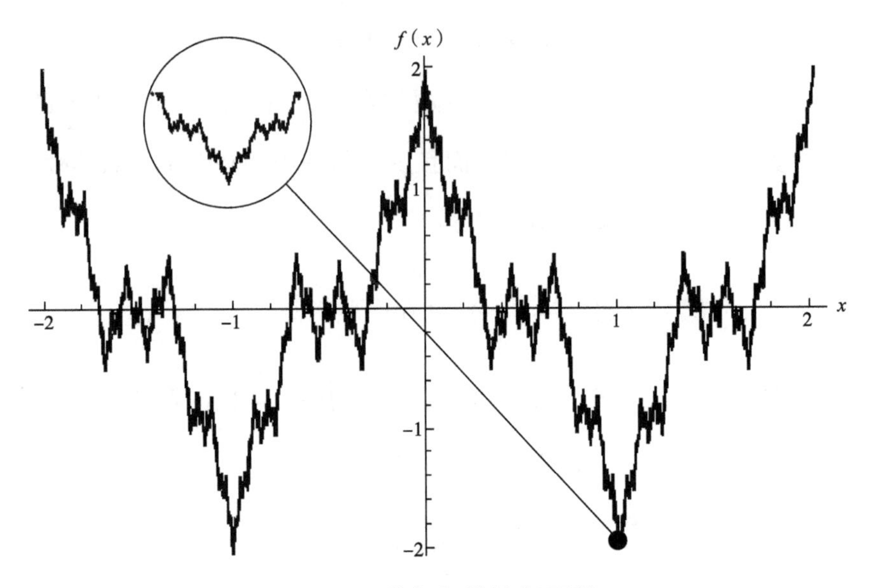

图 6-3　魏尔斯特拉斯函数

第7章　神奇的无穷级数

数学是无穷的科学。

——赫尔曼·外尔

无穷级数，是连接有限与无限、具体与抽象的桥梁，不仅是人类探索未知世界的强大工具，也是连接数学理论与实践应用的桥梁。本章选取芝诺悖论、蠕虫爬绳问题、调和级数与欧拉常数、巴塞尔等式、黎曼重排定理等内容，以此展现无穷级数的无穷魅力。

第1节　芝诺悖论

早在大约公元前450年，古希腊著名的埃利亚学派哲学家芝诺就提出了若干个在数学发展史上产生重大影响的芝诺悖论，来支持其导师帕门尼德斯的观点，即运动是一种幻觉，并因此闻名于世。

在这些悖论中，芝诺否认了物质运动的存在。这本来是荒谬的，但他提出的理由又是那样地雄辩，仿佛无懈可击，以至于在19世纪以前，没有人能驳倒他。

这些悖论通过逻辑推理揭示了运动、空间和时间等概念的复杂性，对后来的哲学和数学发展产生了深远影响。芝诺悖论中最著名的是阿基里斯与龟悖论（也称为芝诺乌龟悖论）、二分法悖论和飞箭悖论（也称为箭头悖论），其核心在于探讨运动、空间和时间的无限可分性。

一、阿基里斯与龟悖论

在阿基里斯与龟悖论中，芝诺设想了这样一个赛跑场景：

古希腊神话中的跑步健将阿基里斯与一只乌龟进行赛跑。

为了公平起见，阿基里斯让乌龟先行一段距离（比如100米）。比赛开始了，乌龟慢悠悠地爬，阿基里斯飞快向前冲。芝诺提出了一个令人困惑的问题：阿基里斯永远追不上乌龟！

芝诺这样解释道：假设阿基里斯速度极快，他先要用t_1秒跑完那100米才能到达乌龟的起点。当阿基里斯到达这个起点时，乌龟已经向前爬了一些距离，假设是10米。阿基里斯继续追赶，但当他用t_2秒跑完这10米时，乌龟又向前爬了一些距离，假设是1米。接着，阿基里斯用t_3秒要跑完这1米时，乌龟又向前爬了一些距离，可能只有0.1米。如此循环下去，无论阿基里斯跑得有多快，总是在他追上乌龟之前，乌龟又稍微向前爬了一点点，到达了一个新的位置，因此阿基里斯永远也追不上乌龟（见图 7-1）。

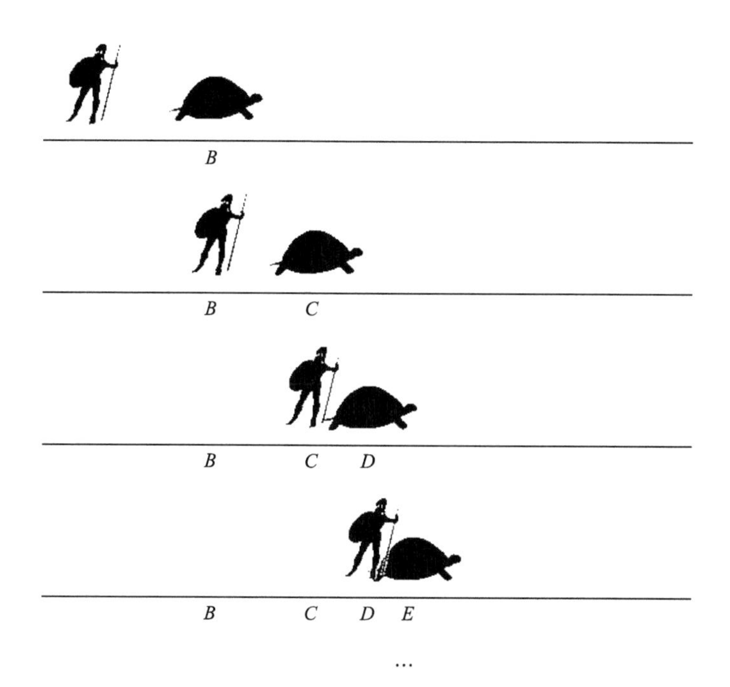

图 7-1　阿基里斯追龟示意图

阿基里斯与龟悖论的核心在于他认为时间和空间都可以无限细分，他把空间和时间分割成无数小段，每段之间的距离越来越短，但数量却无限多。他认为，运动物体在到达目的地之前，必须经过无限多个中间位置，这样“追—爬—追—爬”的过程将随时间的流逝而永无止境，从而让人觉得追赶永远不会完成。

在这个悖论中，芝诺没有将“无限多条线段的长度和与有限长度”联系起来，认为“无限多条线段的长度和是无限大”。显然，这一结论完全有悖于常识，是绝对荒谬的。无限多条线段的长度和也可以是有限的，这取决于这些小段是如何缩小的。没有人会怀疑，阿基里斯将在有限的时间内追上乌龟。

事实上，如果将用掉的时间 t_1，t_2，…（或跑过的距离）加起来，即

$$t_1 + t_2 + \cdots + t_n + \cdots\ (\text{或}\ 100 + 10 + 1 + 0.1 + \cdots)$$

虽然相加的项有无限个，但是这无限项的和却是有限数 T（或 S）。换言之，经过时间 T（秒），阿基里斯跑完 S（米）后，就追上乌龟了。

解决这个问题的关键是“无限个数相加”的问题。这种“无限个数相加”是否一定有意义？若不一定，那么怎么来判别？有限个数相加时的一些运算法则，如加法交换律、结合律对于无限个数相加是否继续有效？我们将在数学分析中的级数部分进行深入研究。

二、飞箭悖论

飞箭悖论是芝诺悖论中的一个重要组成部分，它指出：一支箭在飞行过程中的任意瞬间都是静止的，因为在这一瞬间，箭头占据了一个确定的位置，即没有发生位移，因此运动似乎成了一种幻觉。具体来说，飞箭悖论认为，如果我们将时间划分成无限

多个瞬间，那么在每一个瞬间中，飞箭都必须停留在某个位置上，而由于时间和空间是无限可分的，所以飞箭在任意一个瞬间里都不可能运动。那么它怎么会移动呢？

飞箭悖论的逻辑基础在于对时间和空间的无限可分性的假设。芝诺认为，如果时间和空间可以无限细分，那么运动就会被无限次地分割成静止的瞬间，从而导致运动成为不可能。

这种推理忽略了时间和空间的连续性以及运动的本质。我们可以借助极限来定义瞬时速度和加速度，理解运动的连续性。尽管飞箭在每个瞬间看似是静止的，但它的整体运动可以通过无穷多个瞬间的累积来实现。

三、二分法悖论

二分法悖论可表述为：一个人从甲地到乙地，为了到达目的地，他必须先走到路程的 1/2 处，再走到剩余路程的 1/2 处，依此类推。这样，行走的过程将无限延续，导致他永远无法到达终点。芝诺在二分法悖论中论证了一个正在行走的人永远到达不了他的目的地，因此运动是不可能的。

二分法悖论揭示了数学中无限与物理世界中无限的冲突，实质在于错误地使用了数学工具，特别是将基于“无穷小”和“连续性”的数学原理应用到了并不连续的物理问题上。实际上，在数学中，实数集合是完备的，可以无限细分；但世界在本质上是离散的而不是连续的。在物理世界中，无论是时间、空间、质量、电量、力还是能量，都不存在“无穷小”，而只有“最小”。当然，这个“最小”的程度可能还达不到。

在哲学上，一种观点认为，对一段有限的时空距离的无限分割可以最终完成，虽然没有最后的中点，但在总体上却可以看成这个分割已经完成了。这种观点在哲学上称作实无限。因为无限分割已经完成，所以物走过了所有的中点而到达了终点。而另一种观点则认为，由于不存在最后一个中点，所以这种无限分割不能最后完成，它是一个永无止境的过程。这种观点叫作潜无限。因为没有最后一个中点，所以物不能到达终点。简单地说，如果时空的无限可分是实无限，物能到达终点。如果时空的无限可分是潜无限，物不能到达终点。

随着微积分等数学工具的发展，我们现在可以更加准确地描述和处理无限序列和极限问题。微积分中的极限概念为我们提供了一种理解运动在有限时间内完成的方法。

综上所述，芝诺悖论是古希腊哲学中的一个重要思想实验，它挑战了人们对运动、时间和空间连续性的直觉理解。虽然现代科学通过极限和无限级数等理论揭示了这个悖论的真相，证明它是不成立的，但它仍然是一个值得深入探讨的哲学和数学问题，激发了人们对无限、运动、时间和空间等概念的深入思考。

第 2 节　蠕虫爬绳问题

假设一只可以永生的蠕虫沿着一条 1 米长的橡皮筋从一端匀速爬向另一端，每当蠕虫爬完 1 秒后，橡皮筋就瞬时均匀拉长 1 米，拉伸的方向与蠕虫爬行方向一致，并且橡皮筋可以无限拉长。相对于其所在的橡皮筋，蠕虫的爬行速度是每秒钟 1 厘米（见图 7－2）。请问：蠕虫最终能到达橡皮筋的另一端吗？

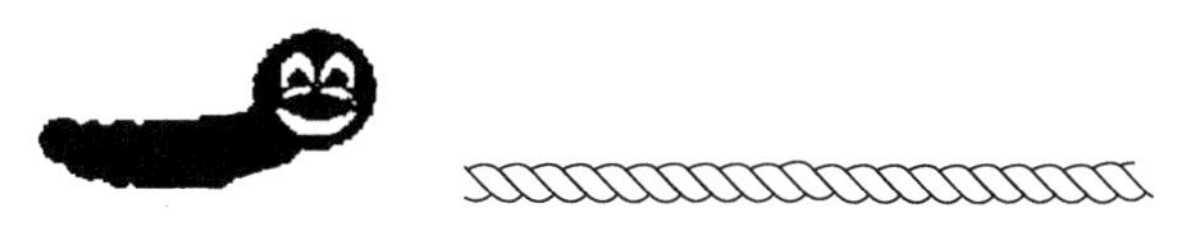

图 7–2　蠕虫爬绳

这是 1867 年德国数学家施瓦兹在讲述无穷级数时提出的一个有趣问题。

直觉上，绳子的拉伸速度大于蠕虫的前进速度，从而使蠕虫不能到达橡皮筋的另一头。但是直觉往往是靠不住的，客观分析告诉我们，蠕虫最终能够到达橡皮筋的另一端。

考虑蠕虫爬过的长度占橡皮筋长度的比例。

第 1 秒钟后，蠕虫爬了橡皮筋长度的 $\frac{1}{100}$。

第2秒开始时，橡皮筋瞬时变为2米，即200厘米。蠕虫也随着橡皮筋的均匀拉伸跟着向前运动，蠕虫所在位置到橡皮筋始端的距离为此时整根橡皮筋总长度的$\frac{1}{100}$，第2秒内蠕虫仍然爬了1厘米，爬行长度占橡皮筋长度（200厘米）的$\frac{1}{200}$。因此，第2秒末，蠕虫爬行总长度占橡皮筋总长度的比例为

$$\frac{1}{100}+\frac{1}{200}$$

第3秒开始时，橡皮筋又拉长了100厘米，整根橡皮筋长300厘米，蠕虫所在位置到橡皮筋始端的距离依然占整根橡皮筋总长度的$\frac{1}{100}+\frac{1}{200}$。第3秒内，蠕虫向前爬了1厘米，它这次爬行距离占橡皮筋总长度（300厘米）的$\frac{1}{300}$。所以，第3秒末蠕虫爬行总长度占橡皮筋长度的比例为

$$\frac{1}{100}+\frac{1}{200}+\frac{1}{300}$$

依此下去，第n秒末，蠕虫爬行总长度占此时橡皮筋总长度的比例为

$$\frac{1}{100}+\frac{1}{200}+\frac{1}{300}+\frac{1}{400}+\cdots+\frac{1}{100n}$$

即

$$\frac{1}{100}\left(1+\frac{1}{2}+\frac{1}{3}+\frac{1}{4}+\cdots+\frac{1}{n}\right)$$

蠕虫最终能否到达橡皮筋的另一端，取决于能否使得

$$\frac{1}{100}\left(1+\frac{1}{2}+\frac{1}{3}+\frac{1}{4}+\cdots+\frac{1}{n}\right)\geqslant 1$$

这需要我们研究当 n 无限增大时，$1+\frac{1}{2}+\frac{1}{3}+\cdots+\frac{1}{n}$ 的变化趋势，能否使得

$$1+\frac{1}{2}+\frac{1}{3}+\cdots+\frac{1}{n}\geqslant 100$$

从而需要研究无穷级数

$$\sum_{n=1}^{\infty}\frac{1}{n}=1+\frac{1}{2}+\frac{1}{3}+\cdots+\frac{1}{n}+\cdots$$

的收敛性，这个级数即赫赫有名的调和级数。

对刚接触调和级数的人来说，调和级数是违反直觉的。尽管随着 n 不断增大，级数的通项 $\frac{1}{n}$ 无限接近 0，但调和级数是一个发散级数，非常缓慢地趋于无穷大。

只要调和级数前 n 项的和超过 100，蠕虫就已经到达终点，所以蠕虫最终可以到达橡皮筋的另一端。

具体来体会一下调和级数趋于无穷大的缓慢程度。要使调和级数前 n 项的部分和超过 100，需要将级数的前 10^{43} 项加起来，即 $n\geqslant 10^{43}$。此时蠕虫爬行的秒数和橡皮筋最后长度的米数均为项数 n，大约为 10^{25} 光年，但是目前已知的宇宙尺寸估计只有 10^{12} 光年。

无论如何改变该问题中的参数，即橡皮筋的长度、蠕虫爬行

的速度、橡皮筋每单位时间固定拉长多少米，蠕虫总可以在有限的时间到达橡皮筋的另一端。

决定蠕虫能否到达橡皮筋另一端的关键在于橡皮筋拉长的方式。如果橡皮筋按几何级数拉长，例如每秒钟拉长一倍，会出现什么情况呢？

第 n 秒末，蠕虫爬行总长度占此时橡皮筋总长度的比例为

$$\sum_{n=1}^{\infty} \frac{1}{100}\left(1+\frac{1}{2}+\frac{1}{2^2}+\frac{1}{2^3}+\cdots+\frac{1}{2^n}\right)$$

当 n 无限增大时，以上级数收敛，并且级数的和

$$\sum_{n=1}^{\infty} \frac{1}{100}\left(1+\frac{1}{2}+\frac{1}{2^2}+\frac{1}{2^3}+\cdots+\frac{1}{2^n}\right)\to\frac{1}{100}\times\frac{1}{1-\frac{1}{2}}=\frac{1}{50}$$

即蠕虫最终只能接近橡皮筋的 $\frac{1}{50}$ 位置处，根本无法到达橡皮筋另一端。

第3节　调和级数与欧拉常数

调和级数（Harmonic Series）是一个基本且迷人的无穷级数，起源于泛音及泛音列，定义为所有正整数的倒数相加所得的无穷级数，即

$$\sum_{n=1}^{\infty} \frac{1}{n}=1+\frac{1}{2}+\frac{1}{3}+\cdots+\frac{1}{n}+\cdots$$

调和级数是否收敛到某个有限的数?

我们可以通过计算机看一下这个级数的增长情况。此级数的前 1 000 项相加约为 7.485，前 100 万项相加约为 14.357，前 10 亿项相加约为 21，前 10 000 亿项相加约为 28，前 100 亿亿项加起来大约是 40，等等。更有学者估计过，要使调和级数的和约为 100，需要把 10^{43} 项加起来。如果我们试图在一个很长的纸带上写下此级数，直到它的和超过 100，即使每个项只占 1 毫米长的纸带，也必须使用 10^{43} 毫米长的纸带，这大约为 10^{25} 光年，但是宇宙的已知尺寸估计只有 10^{12} 光年。

由此可见，调和级数在增长，当 n 趋近于无穷大时，尽管每一项都逐渐变得非常小，但其部分和

$$S_n = \sum_{k=1}^{n} \frac{1}{k}$$

增长的速度非常慢，难以推断调和级数是收敛的还是发散的。

调和级数的这一特性困惑着一代又一代的数学家并为之着迷。调和级数的发散性早在 14 世纪由法国学者尼古拉·奥里斯姆在极限概念被完全理解之前约 400 年首次证明，但知道的人不多。17 世纪曼戈里、约翰·伯努利和雅各布·伯努利完成了全部证明。

考虑对调和级数进行以下加括号:

$$1 + \frac{1}{2} + \left(\frac{1}{3} + \frac{1}{4}\right) + \left(\frac{1}{5} + \frac{1}{6} + \frac{1}{7} + \frac{1}{8}\right) + \cdots$$

$$+\left(\frac{1}{2^m+1}+\frac{1}{2^m+2}+\cdots+\frac{1}{2^{m+1}}\right)+\cdots$$

即从第三项起，依次按 2 项、2^2 项、2^3 项、…、2^m 项、… 加括号，所得的新级数设为 $\sum\limits_{m=1}^{\infty} v_m$，则该新级数从第 3 项起满足

$$v_3 > \frac{1}{4}+\frac{1}{4}=\frac{1}{2}$$

$$v_4 > \frac{1}{8}+\frac{1}{8}+\frac{1}{8}+\frac{1}{8}=\frac{1}{8}\times 4=\frac{1}{2}$$

$$\vdots$$

$$v_{m+2}=\frac{1}{2^m+1}+\frac{1}{2^m+2}+\cdots+\frac{1}{2^{m+1}}>\frac{1}{2^{m+1}}\times 2^m=\frac{1}{2}$$

$$\vdots$$

易见：当 m 无限增大时，v_m 不趋于 0，从而 $\sum\limits_{m=1}^{\infty} v_m$ 发散，由级数的性质可推得调和级数发散，且非常缓慢地趋于无穷大。

应该如何刻画调和级数的部分和 $S_n=\sum\limits_{k=1}^{n}\frac{1}{k}$ 趋于无穷大的趋势呢？是否有函数可以为调和级数的部分和提供比较好的近似？这引发了很多数学家的研究。

由于调和级数以 $\frac{1}{N}$ 的速度增长，令人很容易联想起自然对数函数 $\ln x$，它以 $\frac{1}{x}$ 的速度增长，因此调和级数部分和 $S_n=\sum\limits_{k=1}^{n}\frac{1}{k}$ 的增长速度与 $\ln n$ 比较相似。

比较调和级数部分和 $S_n = \sum_{k=1}^{n} \frac{1}{k}$ 和对数函数 $\ln n$ 的图像（见图 7-3），可以观察到它们之间有一个差值，并且随着 n 不断变大，这个差异趋于一个特定的数字。

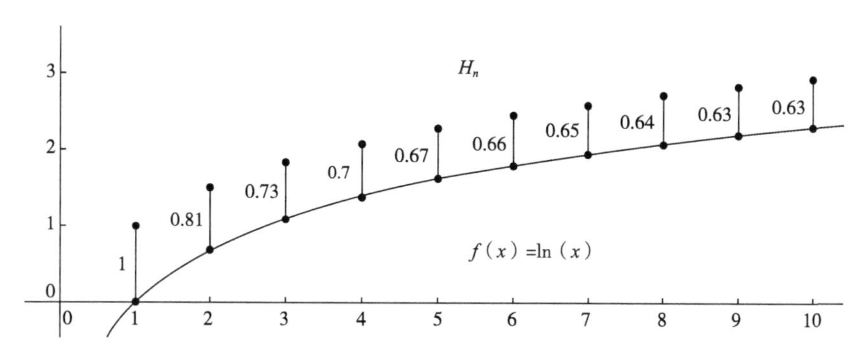

图 7-3　调和级数的部分和与对数函数的插值

记

$$a_n = 1 + \frac{1}{2} + \frac{1}{3} + \cdots + \frac{1}{n} - \ln n$$

易证：对任意的正整数 n，成立以下不等式

$$\frac{1}{n+1} < \ln\left(1 + \frac{1}{n}\right) < \frac{1}{n}$$

由

$$\ln\left(1 + \frac{1}{n}\right) = \sum_{k=1}^{n} \ln\left(1 + \frac{1}{k}\right) < \sum_{k=1}^{n} \frac{1}{k}$$

得

$$a_{n+1} = 1 + \frac{1}{2} + \frac{1}{3} + \cdots + \frac{1}{n} + \frac{1}{n+1} - \ln(1+n) > \frac{1}{n+1} > 0$$

从而数列 $\{a_n\}$ 有下界。

又因为

$$a_n - a_{n+1} = -\ln n - \frac{1}{n+1} + \ln(n+1)$$

$$= \ln\left(1 + \frac{1}{n}\right) - \frac{1}{n+1} > 0$$

所以 $\{a_n\}$ 为递减数列。

由单调有界定理，可得数列 $\{a_n\}$ 收敛，即

$$\lim_{n\to\infty}\left[1 + \frac{1}{2} + \frac{1}{3} + \cdots + \frac{1}{n} - \ln n\right]$$

存在，这说明当 n 无限增大时，$S_n = \sum_{k=1}^{n} \frac{1}{k}$ 与 $\ln n$ 之间的差值趋近一个有限极限。该极限被称作欧拉常数，现在通常将该常数记为 γ（伽马）。

欧拉常数是调和级数的产物，定义为调和级数前 n 项部分和与自然对数 $\ln n$ 的差值的极限，即

$$\gamma = \lim_{n\to\infty}\left[1 + \frac{1}{2} + \frac{1}{3} + \cdots + \frac{1}{n} - \ln n\right] = \lim_{n\to\infty}\left[\sum_{k=1}^{n} \frac{1}{k} - \ln n\right]$$

欧拉常数，又称为欧拉-马歇罗尼常数，是一个非常神秘的数字。它最先由瑞士数学家欧拉在 1735 年发表的文章中给出。欧拉曾经使用 C 作为它的符号，并计算出了它的前 6 位小数。1761 年，欧拉又将该值计算到了 16 位小数。1790 年，意大利数学家马歇罗尼也独立发现这个常数，引入 γ 作为这个常数的符号，并

将该常数计算到小数点后 32 位，但后来的计算显示他在第 20 位的时候出现了错误。

欧拉常数的近似值为

0.577 215 664 901 532 860 606 512 090 082 402 431 042 159 335

目前，尽管我们可以通过数值计算等方法计算出欧拉常数小数点后很多位，但是仍未找到它的精确表达式。欧拉常数是不是无理数？是不是超越数（即不能作为有理系数多项式方程的根的数）？这一直是数学中悬而未决的谜团之一。

最后，再回到上一节的蠕虫爬绳问题，看一下蠕虫大约需要多长时间到达橡皮筋的另一端。要使

$$1+\frac{1}{2}+\frac{1}{3}+\cdots+\frac{1}{n}\geqslant 100$$

由于 $\left\{1+\frac{1}{2}+\frac{1}{3}+\cdots+\frac{1}{n}-\ln n\right\}$ 单调递减，并且当 n 无限增大时，趋于欧拉常数 γ（$\gamma\approx 0.5772$），所以有

$$1+\frac{1}{2}+\frac{1}{3}+\cdots+\frac{1}{n}\geqslant \ln n+\gamma$$

只要使

$$\ln n+\gamma\geqslant 100$$

即

$$n\geqslant e^{100-\gamma}$$

因此，当

$$n\geqslant e^{100-\gamma}\ (\text{或 } n\geqslant e^{100})$$

时，调和级数前 n 项的和可以超过 100，蠕虫就已经到达终点。此时蠕虫爬行的秒数和橡皮筋最后长度的米数均为项数 n，这是一个超级大的数值。

第 4 节　巴塞尔等式

巴塞尔问题是一个著名的数论问题，最早由意大利数学家曼戈利在 1644 年提出，探讨的是计算所有正整数平方的倒数的和的问题，即求解级数

$$\sum_{n=1}^{\infty}\frac{1}{n^2}=\frac{1}{1^2}+\frac{1}{2^2}+\frac{1}{3^2}+\cdots+\frac{1}{n^2}+\cdots$$

的和。

17 世纪末，许多数学家努力尝试求解该级数的和，包括雅各布 · 伯努利和他的兄弟约翰 · 伯努利。尽管他们做出了很多努力，但始终未能找到这个级数的确切的和。

直到 1735 年，伟大的瑞士数学家欧拉成功求出了这个级数的和的精确解为 $\frac{\pi^2}{6}$，震惊了当时的数学界。当时他年仅 28 岁，这一成就使其迅速在数学界崭露头角。

$$\sum_{n=1}^{\infty}\frac{1}{n^2}=\frac{1}{1^2}+\frac{1}{2^2}+\frac{1}{3^2}+\cdots+\frac{1}{n^2}+\cdots=\frac{\pi^2}{6}$$

即为著名的巴塞尔等式。

这个等式展示了无穷级数与圆周率 π 之间的深刻联系，揭示了数学中许多知识的内在统一性。

由于欧拉首次解决了这个问题，所以这个问题以欧拉和伯努利家族的家乡、瑞士的第三大城市——巴塞尔命名，被称为巴塞尔问题，以上等式被称为巴塞尔等式。

欧拉的证明方法非常富有创新性。他首先对 $\sin x$ 进行泰勒级数展开，得到

$$\sin x = x - \frac{x^3}{3!} + \frac{x^5}{5!} - \cdots + (-1)^n \frac{x^{2n+1}}{(2n+1)!} + \cdots$$

等式左右两端同时除以 x，得到

$$\frac{\sin x}{x} = 1 - \frac{x^2}{3!} + \frac{x^4}{5!} - \cdots + (-1)^n \frac{x^{2n}}{(2n+1)!} + \cdots$$

$\frac{\sin x}{x}$ 的根为 $x = k\pi$（其中 $k \in \mathrm{Z}$，且 $k \neq 0$）。

欧拉假设这个无穷级数可以分解为线性因子的乘积：

$$\begin{aligned}\frac{\sin x}{x} &= \left(1 - \frac{x}{\pi}\right)\left(1 + \frac{x}{\pi}\right)\left(1 - \frac{x}{2\pi}\right)\left(1 + \frac{x}{2\pi}\right)\left(1 - \frac{x}{3\pi}\right)\left(1 + \frac{x}{3\pi}\right)\cdots \\ &\quad \left(1 - \frac{x}{n\pi}\right)\left(1 + \frac{x}{n\pi}\right)\cdots \\ &= \left(1 - \frac{x^2}{\pi^2}\right)\left(1 - \frac{x^2}{2^2\pi^2}\right)\left(1 - \frac{x^2}{3^2\pi^2}\right)\cdots\left(1 - \frac{x^2}{n^2\pi^2}\right)\cdots\end{aligned}$$

对比以上两式中 x^2 项的系数可得

$$\begin{aligned}-\frac{1}{3!} &= \left(-\frac{1}{\pi^2}\right) + \left(-\frac{1}{2^2\pi^2}\right) + \left(-\frac{1}{3^2\pi^2}\right) + \cdots + \left(-\frac{1}{n^2\pi^2}\right) + \cdots \\ &= -\frac{1}{\pi^2}\sum_{n=1}^{\infty}\frac{1}{n^2}\end{aligned}$$

从而有

$$\sum_{n=1}^{\infty}\frac{1}{n^2}=\frac{1}{1^2}+\frac{1}{2^2}+\frac{1}{3^2}+\cdots+\frac{1}{n^2}+\cdots=\frac{\pi^2}{6}$$

欧拉的做法非常巧妙，但是不太严格。不过欧拉在公布这一做法前已经近似地计算过 $\sum_{n=1}^{\infty}\frac{1}{n^2}$ 的和，确定其收敛于 $\frac{\pi^2}{6}$。

我们可以通过证明 $\frac{\sin x}{x}$ 的无穷乘积展开式和 $\frac{\sin x}{x}$ 幂级数展开式的唯一性将以上证明严格化。

随着数学的发展，巴塞尔问题越来越多的解法被发掘，包括傅里叶级数、复数积分、二重积分等，有兴趣的读者可以自行探索。

巴塞尔问题的解决是数学领域的一次重要突破，它体现了数学家们多年来对于无穷级数求和问题的不懈探索和努力，也引发了人们更深入的研究和应用，推动了数学的发展。数学家们开始探索其他级数求和的方法及相关性质。例如，调和级数是发散的，这与巴塞尔问题形成了鲜明的对比。对于这些无穷级数的求和问题的深入研究，不仅在数论和解析学上具有重要意义，而且在许多其他领域中也有广泛应用，包括物理学中的量子力学、热力学和统计力学等。

欧拉不仅解决了巴塞尔问题，还开辟了新的领域和研究方向。他的想法后来被德国数学家黎曼在 1859 年的论文《论小于给定大数的素数个数》中采用。在这篇论文中，黎曼定义了黎曼

ζ 函数，并证明了它的一些基本性质，这些性质与巴塞尔问题密切相关。

第 5 节　黎曼重排定理

众所周知，有限项的求和满足加法、乘法的交换律和结合律，因而有限项的和是确定的，不受重排的任何影响。这一点对于无穷级数是否还成立呢?

考虑交错调和级数：

$$\sum_{n=1}^{\infty} \frac{(-1)^{n+1}}{n} = 1 - \frac{1}{2} + \frac{1}{3} - \frac{1}{4} + \cdots + \frac{(-1)^{n+1}}{n} + \cdots$$

由交错级数的莱布尼茨判别法可以得到该级数收敛，但调和级数发散，因而该交错调和级数条件收敛。

利用对数函数的幂级数展开式可以求解该级数的和。考虑 $\ln(1+x)$ 的幂级数展开式

$$\ln(1+x) = \sum_{n=1}^{\infty} (-1)^{n+1} \frac{x^n}{n}, \quad x \in (-1, 1]$$

取 $x = 1$，即得

$$\sum_{n=1}^{\infty} \frac{(-1)^{n+1}}{n} = 1 - \frac{1}{2} + \frac{1}{3} - \frac{1}{4} + \cdots + \frac{(-1)^{n+1}}{n} + \cdots = \ln 2$$

如果将以上交错调和级数进行重排，例如将级数中的项按两个正项一个负项的次序依次相加，即得交错调和级数的一个重排：

$$1+\frac{1}{3}-\frac{1}{2}+\frac{1}{5}+\frac{1}{7}-\frac{1}{4}+\cdots+\cdots$$

那么重排后的这个级数的收敛性及级数的和是否会发生改变呢?

将公式

$$\sum_{n=1}^{\infty}\frac{(-1)n+1}{n}=1-\frac{1}{2}+\frac{1}{3}-\frac{1}{4}+\cdots+\frac{(-1)n+1}{n}+\cdots=\ln 2$$

两边乘以 $\frac{1}{2}$，得

$$\frac{1}{2}\sum_{n=1}^{\infty}\frac{(-1)^{n+1}}{n}=\frac{1}{2}-\frac{1}{4}+\frac{1}{6}-\frac{1}{8}+\cdots=\frac{1}{2}\ln 2$$

两式相加，可得

$$1+\frac{1}{3}-\frac{1}{2}+\frac{1}{5}+\frac{1}{7}-\frac{1}{4}+\cdots+\cdots=\frac{3}{2}\ln 2$$

即交错调和级数重排后级数的和发生了改变。

若将交错调和级数按以下方式重排：

$$1-\frac{1}{2}+\frac{1}{3}+\frac{1}{5}-\frac{1}{4}+\frac{1}{7}+\frac{1}{9}+\frac{1}{11}+\frac{1}{13}-\frac{1}{6}+\cdots$$

加括号得：

$$\left(1-\frac{1}{2}\right)+\left(\frac{1}{3}+\frac{1}{5}-\frac{1}{4}\right)+\left(\frac{1}{7}+\frac{1}{9}+\frac{1}{11}+\frac{1}{13}-\frac{1}{6}\right)+\cdots$$

由于以上级数的通项

$$b_n=\frac{1}{2^n-1}+\frac{1}{2^n+1}+\cdots+\frac{1}{2^{n+1}-3}-\frac{1}{2n}$$

并且满足当 $n \geqslant 4$ 时，有

$$b_n > \frac{1}{2^{n+1}-3} \cdot 2^{n-1} - \frac{1}{2n} > \frac{1}{4} - \frac{1}{2n} \geqslant \frac{1}{n} - \frac{1}{2n} = \frac{1}{2n}$$

故 $\sum_{n=1}^{\infty} b_n$ 发散到 $+\infty$，从而不加括号的级数（3）发散到 $+\infty$，即收敛的交错调和级数重排后变为发散级数。

条件收敛级数的这一性质，揭示了无穷级数复杂、有趣的性质——适当重排条件收敛级数的项，可以使级数的和变为任意给定的实数，甚至可以使其发散。这就是黎曼重排定理。

黎曼重排定理

若级数 $\sum_{n=1}^{\infty} u_n$ 条件收敛，则对于任意给定的实数 A，均存在一个 $\sum_{n=1}^{\infty} u_n$ 的重排 $\sum_{n=1}^{\infty} v_n$，使得 $\sum_{n=1}^{\infty} v_n$ 收敛到 A。还存在 $\sum_{n=1}^{\infty} u_n$ 的重排使得级数发散为 $+\infty$ 或 $-\infty$。

定理的证明思路：

可以证明条件收敛级数中所有非负项构成的级数发散到正无穷大，所有负项构成的级数发散到负无穷大。按原级数的次序顺序添加非负项：

若总和小于 A，则继续添加若干非负数使之变大；

当总和大于 A 时，改为添加负数使之变小；

当总和小于 A 时，再添加非负数使之变大；

依此下去，则总和在 A 附近振动，并且振动幅度趋于 0（条件收敛级数的通项为无穷小量），即“步长”趋向 0，因而重排后

的级数收敛于 A。

黎曼重排定理是关于条件收敛级数的最著名的结果之一，得名于19世纪德国著名数学家黎曼。它深刻地展示了条件收敛级数和绝对收敛级数的本质差别——绝对收敛级数的和与项的排列无关，而条件收敛级数的和则高度依赖于项的排列，条件收敛的级数重排后得到的新级数可能会收敛到任何一个给定的数，甚至发散。

这个重要性质在概率中有重要应用，譬如在定义无穷维离散型随机变量的数学期望时，要求对应级数绝对收敛，否则定义将无意义。

第8章　无限与有限的几何奇观：科赫雪花与谢尔宾斯基三角形

分形几何不仅仅是数学的一个章节，它还帮助人们以不同的方式看待同一个世界。

——伯努瓦·曼德勃罗

是否存在处处连续但处处不可微的曲线？

是否存在周长无穷但所围面积为零的曲线？

数学家们在尝试构造这类曲线的时候，创立了一门新的数学分支——分形，来研究广泛存在于自然界和人类社会中的一类没有特征尺度却有着相似结构的复杂形状和现象。分形结构在自然界中无所不在，以其独特的方式讲述着大自然的故事。

本章选取了科赫雪花和谢尔宾斯基三角形这两个著名的分形图形代表，以此展现迷人的分形。

第1节　科赫雪花

“分形”一词源自拉丁语的“ fractus”，意指破碎或不规则的碎片。分形是一种在任何尺度下都重复出现复杂模式的结构，这样的现象在自然界中无所不在，比如雷电的分支、树叶的脉络，以及河流的曲折等。

科赫雪花是一种分形曲线，也是最早被数学家研究的分形之一（见图 8-1）。它由三条科赫曲线首尾相连构成，形成一个闭合图形，其形态复杂而迷人。

图 8-1　科赫雪花

科赫雪花最早由瑞典数学家科赫在 1904 年发表的一篇论文《论没有切线，可由初等几何构造的连续曲线》中提及。他详细描述了科赫曲线的构造方法（见图 8-2），并展示了如何通过迭代生成科赫雪花。科赫对传统欧几里得几何的局限性提出了挑战，他的工作不仅引发了对分形几何的深入研究，对现代数学也有着深远的影响。

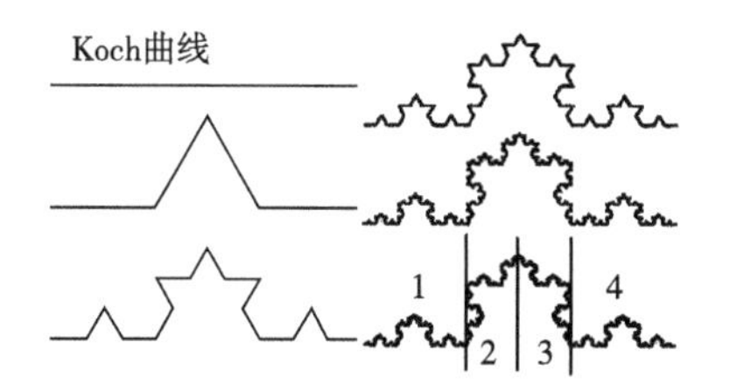

图 8-2　科赫曲线的形成过程

下面让我们一起进入科赫雪花的世界，探寻它那迷人的数学特质和内在的无限之谜。

一、科赫雪花的构造

科赫雪花的构造始于一个简单的等边三角形。在每一次迭代中，我们对三角形的每条边进行以下操作：

（1）将每条边分成三等分。

（2）在中间一等分边上向外作一个等边三角形，边长为原边长的$\frac{1}{3}$。

（3）移除这个新三角形的底边，即原来边的中间一段。

这个过程虽简单，但随着迭代次数的增加，图形逐渐展现出越来越复杂的结构。每次迭代，原有的每条边都会被替换成 4 条新边，每条新边的长度是原边长的$\frac{1}{3}$。随着迭代次数的增加，图形的复杂度会显著增加，最终形成的几何图形，因其形态类似雪花，被称为科赫雪花。

二、科赫雪花的特性

科赫雪花逐步构造的过程不仅展现了科赫雪花的形成，还揭示了科赫雪花引人入胜的数学特性。

（一）自相似性

科赫雪花是一种特殊的分形曲线，具有自相似性，即图形的任何一部分（无论放大多少倍）均与整体具有相似的形状。这种特性是分形结构的重要特征之一。

（二）处处连续但处处不可微

科赫曲线通过无限次地添加等边三角形来构建，这使得曲线在任何一点附近都存在无限次的转折。这种无限次的转折使得曲线在该点附近没有唯一的切线方向，从而处处不可微。这种性质使得科赫曲线在数学、物理、计算机科学等领域中具有重要的研究价值和应用前景。

（三）非整数维度

科赫雪花在每次迭代中，曲线的段数变为原来的 4 倍（因为每条线段被替换为 4 条新线段），而每段线段的长度变为原来的 $\frac{1}{3}$。因此，科赫雪花的分形维数为

$$d = \frac{\ln 4}{\ln 3} \approx 1.2618$$

反映了曲线长度随迭代次数增加的增长率与线段长度减小率的比值。科赫雪花的分形维度不是整数，这反映了它在几何结构上的非传统性和不规则性。

（四）无限周长

科赫雪花初始为一个等边三角形，假设其边长为 1，则其初始周长为 $P_0 = 3$，初始面积为 $A_0 = \frac{\sqrt{3}}{4}$。

我们用 P_n，A_n 分别表示经过 n 次迭代后图形的周长和面积。

每次迭代后，每条边都会被替换成 4 条新边，每条新边的长度是原边长的 $\frac{1}{3}$，总边长变成原来的 $\frac{4}{3}$ 倍，则

$$P_n = 3 \cdot \left(\frac{4}{3}\right)^n$$

随着迭代次数趋向无穷大，即 $n \to \infty$，周长的极限值为

$$\lim_{n\to\infty} P_n = \lim_{n\to\infty} 3 \cdot \left(\frac{4}{3}\right)^n = +\infty$$

这说明科赫雪花的周长无限增长。随着 n 的增长，图形周长 P_n 不断增加，当 $n \to \infty$ 时，每条新边变得越来越短，但因为边数增加的速度更快，因而总周长趋向于无穷大（见图 8-3）。

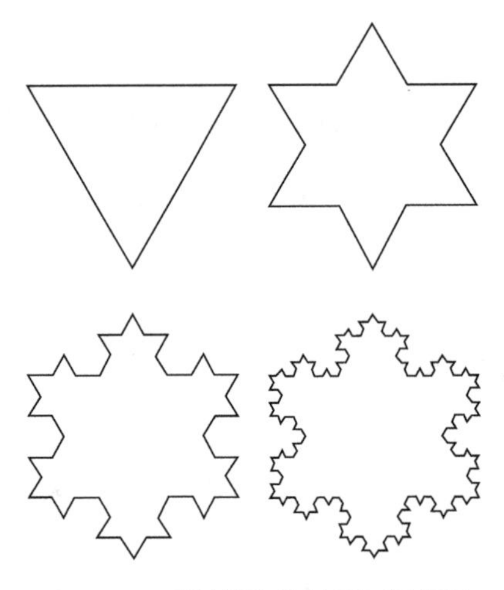

图 8-3　科赫雪花的形成过程

（五）有限面积

尽管科赫雪花的周长无限增长，但科赫雪花的面积却是有限的。

每次迭代中，每条边均生成 4 条新边，每条新边又生成新的小正三角形，每个新的小三角形的面积是上一次迭代中三角形面积的 $\frac{1}{9}$。

假设第 n 次迭代中新三角形的面积为 a_n，那么

$$a_n = \frac{a_{n-1}}{9}$$

其中，$A_0 = a_0 = \frac{\sqrt{3}}{4}$，所以第 n 次迭代中一个新的三角形的面积是：

$$a_n = \frac{A_0}{9^n}$$

第 1 次迭代中新增 3 个小三角形，从第 2 次迭代开始，在每次迭代中新增的三角形数量是上一次迭代的 4 倍，所以第 n 次迭代后，新增的面积为

$$b_n = 3 \cdot 4^{n-1} \cdot a_n = 3 \cdot 4^{n-1} \cdot \frac{A_0}{9^n}$$

所以科赫雪花的总面积为

$$A_n = A_{n-1} + b_n$$

因而

$$A_n = A_0 + \sum_{k=1}^{n} 3 \cdot 4^{k-1} \cdot \frac{A_0}{9^k}$$

科赫雪花的总面积为

$$A = \lim_{n \to \infty} A_n = \lim_{n \to \infty} \frac{\sqrt{3}}{4}\left[1 + \sum_{k=1}^{n} \frac{3}{9} \cdot \left(\frac{4}{9}\right)^{k-1}\right]$$

$$= \frac{\sqrt{3}}{4}\left[1 + \frac{\frac{3}{9}}{1 - \frac{4}{9}}\right] = \frac{2\sqrt{3}}{5}$$

科赫雪花就是这样一个在无限的迭代过程中展示有限面积和无限周长的分形图形，不仅展示了无限与有限、简单与复杂之间的微妙关系，同时也揭示了自然界的很多基本规律，因而成为数学和自然科学领域中一个令人着迷的研究对象。

第 2 节　谢尔宾斯基三角形

谢尔宾斯基三角形由波兰数学家谢尔宾斯基在 1915 年提出（见图 8-4）。

图 8-4　谢尔宾斯基三角形

一、谢尔宾斯基三角形的构造

从一个实心的等边三角形开始，沿三边中点的连线，将它分成四个小三角形，然后去掉中间的那一个小三角形。对其余三个小三角形重复进行这个过程，无限迭代下去，最终形成的几何图形称为谢尔宾斯基三角形。

不同于科赫雪花通过“加法”实现，即不断在边缘添加新的三角形，谢尔宾斯基三角形的构造方式通过“减法”实现，即不断挖去中心部分（见图 8-5）。谢尔宾斯基三角形给人一种“千疮百孔”的感觉，因为它不断挖去中心部分；而科赫雪花则显得更加“茂盛”，因为它不断在边缘添加新的三角形。

图 8-5　谢尔宾斯基三角形的形成过程

二、谢尔宾斯基三角形的特性

（一）自相似性

谢尔宾斯基三角形具有自相似性，即在任何放大或缩小的尺度下，都能够看到与整体相似的图形，其形状和细节都保持不变。

(二) 非整数维度

谢尔宾斯基三角形的分形维数为

$$d=\frac{\ln 3}{\ln 2}\approx 1.585$$

它比普通的一维直线占据了更多空间，但还是没有二维正方形占据的那么多，这一数值反映了其介于一维和二维之间的复杂性。

(三) 面积趋于零

随着迭代次数的增加，谢尔宾斯基三角形的剩余面积趋近于零。

(四) 周长无限增加

随着迭代次数的增加，尽管谢尔宾斯基三角形的面积趋近于零，但其周长却无限增加，趋近于无限大。

科赫雪花的边界长度无限，面积趋于有限数。这是因为每次迭代虽然增加了图形的复杂度，但并未显著增加其占据的平面空间。

谢尔宾斯基三角形和科赫雪花在构造方法、性质特点和应用领域等方面都存在着显著的区别。这些区别使得它们各自具有独特的魅力和价值，在数学、科学和艺术等领域中发挥着重要的作用。

第 3 节　英国的海岸线有多长?

英国的海岸线有多长（见图 8-6）?

图 8-6　英国海岸线一角

这个问题大家可能会觉得奇怪，因为海岸线的长度是个客观存在的数，查查资料或者量一下就可以知道了。但真的这么简单吗?

事实并非如此。英国有位科学家理查森，他查了欧洲的很多百科全书，发现欧洲很多相邻的两个国家对公共边界的测定不完全相同，有的出入最多可达 20%。但通常的测量误差不可能达到 20%，那么这个差距是怎么产生的呢?

1967 年，法国数学家曼德勃罗在美国的《科学》杂志上发表了一篇论文——《英国的海岸线有多长？统计自相似和分数维度》，深入研究了这个问题。

曼德勃罗发现这个差距源于海岸线形状的不规则性及用来测量的尺子长短不一。研究表明：英国的海岸线长度无法精确测量，它依赖于所使用的测量单位。测量工具的精密度越大，得到的数值就越准确，海岸线测量的结果就越大。如果你使用的测量工具无限小，英国海岸线的长度将会趋于无限。这恰好解释了为什么不同的地图所标的海岸线的长度不同的现象（见图 8-7）。

图 8-7　海岸线的测量

海岸线没有规则，无法用具体的函数表示。海岸线在各种尺度上都有同样程度的不规则性，但海岸线的局部和整体很相似，有一定的自相似性。如果我们将所有建筑和参照物去掉，100 公里的海岸线和 10 公里的海岸线形状是近似的，海岸线可视为一个分形，接近科赫曲线。

传统上，人们测量非分形曲线（如二次函数曲线）的时候，只要放大到足够大，总能用直线拟合一小段曲线，在一小段范围内取一阶泰勒展开，近似为直线，然后求和得到总长度的近似值。但是，分形曲线是不能这么做的，如果尝试使用直线去拟合分形曲线，如科赫曲线，缩小的过程永远不会停止，因为分形图案是无限迭代的，无论缩到多小，细节总会不断地出现。

事实上，在客观世界中，既有在欧几里得几何及其他数学分支中出现过的规则曲线和图形，如直线、平行四边形、圆、椭圆、抛物线、正弦曲线、螺线等，也有在欧几里得几何及其他数学分支中未曾出现过的曲线和图形，如海岸线、下雨区域的边界、河流的水系图、蜗牛爬过的路线，以及数学家从理论上无限迭代作图创造的科赫曲线等。

客观世界中的图形更多的是分形。除了这些平面上的图形外，客观世界中的空间图形更多的也是分形。例如：天空中的云不是球体或椭球体，地面上的山不是圆锥体，河流的河道不是光滑线段、曲线和曲面构成的立体图形，树干不是光滑的圆柱体，DNA 的双螺旋线也不是普通的圆柱双螺旋线。

这些都是自然界中的事实，但都不在欧几里得几何和通常数学的研究范围内。自然界中还有许多现象是很不规则、很复杂的，如血管的分叉、闪电的路线等（见图 8-8）。

曼德勃罗说过：整体中的小块，从远处看是不成形的小点，近处看则发现它变得轮廓分明，其外形大致和以前观察的整体形

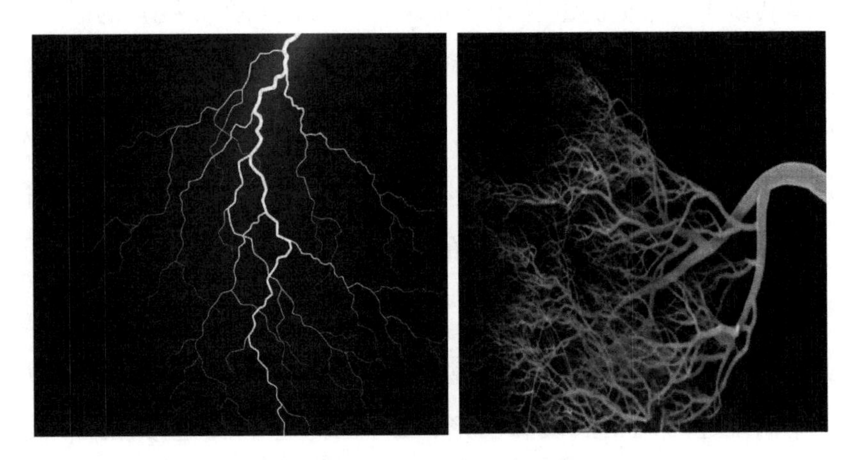

图 8-8　自然界中的分形

状相似。又说：自然界提供了许多分形实例，例如，羊齿植物、菜花和硬花甘蓝，以及许多其他植物。它们的每一分支和嫩枝都与其整体非常相似，其生成规则保证了小尺度上的特征，成长后就变成大尺度上的特征。

参考文献

［1］邓东皋，孙小礼，张祖贵．数学与文化［M］．北京：北京大学出版社，1990.

［2］顾沛．数学文化［M］.2 版．北京：高等教育出版社，2017.

［3］华东师范大学数学系．数学分析：上册［M］.5 版．北京：高等教育出版社，2019.

［4］李文林，任辛喜．数学的力量：漫话数学的价值［M］．北京：科学出版社，2024.

［5］华东师范大学数学系．数学分析：下册［M］.5 版．北京：高等教育出版社，2019.

［6］易南轩．数学美识趣［M］．北京：科学出版社，2019.

［7］张文俊．数学文化赏析［M］．北京：北京大学出版社，2022.

［8］道本．康托尔的无穷的数学和哲学［M］.2 版．郑毓信，刘晓力，编译．大连：大连理工大学出版社，2016.

［9］纽曼．数学的世界［M］．王善平，李璐，译．北京：高等教育出版社，2015.

[10] 陶哲轩．陶哲轩实分析 [M]．李鑫，译．北京：人民邮电出版社，2018.

[11] 斯蒂芬·弗莱彻·休森．数学桥：对高等数学的一次观赏之旅 [M]．邹建成，杨志辉，刘喜波，等译．上海：上海科技教育出版社，2021.

[12] HAVIL J. Gamma：Exploring Euler's Constant [M]. New Jersey：Princeton University Press，2003.

[13] 克莱因．古今数学思想：第 1 册 [M]．理京，张锦炎，江泽涵，译．上海：上海科技出版社，2002.

[14] 克莱因．古今数学思想：第 2 册 [M]．学贤，申又枨，叶其孝，等译．上海：上海科技出版社，2002.

[15] 克莱因．古今数学思想：第 3 册 [M]．伟勋，石生明，孙树本，等译．上海：上海科技出版社，2002.

[16] 克莱因．古今数学思想：第 4 册 [M]．邓东皋，张恭庆，等译．上海：上海科技出版社，2002.

[17] R. 柯朗，H. 罗宾．什么是数学：对思想和方法的基本研究 [M]．左平，张饴慈，译．上海：复旦大学出版社，2021.

[18] 乔治·波利亚．数学的发现：对解题的理解、研究和讲授 [M]．刘景麟，曹之江，邹清莲，译．北京：科学出版社，2006.

[19] 伊莱·马奥尔．e 的故事：一个常数的传奇 [M]．周昌智，毛兆荣，译．北京：人民邮电出版社，2018.

［20］冯·诺依曼．数学在科学和社会中的作用［M］．程钊，王丽霞，杨静，编译．大连：大连理工大学出版社，2014.

［21］伊恩·斯图尔特．数学的故事［M］．熊斌，汪晓勤，译．上海：上海辞书出版社，2013.